Physik in Quanten

Valerio Scarani

Physik in Quanten

Eine kurze Begegnung mit Wellen, Teilchen
und den realen physikalischen Zuständen

Aus dem Englischen übersetzt von Anna Schleitzer

ELSEVIER
SPEKTRUM
AKADEMISCHER
VERLAG

Spektrum
AKADEMISCHER VERLAG

Zuschriften und Kritik an:
Elsevier GmbH, Spektrum Akademischer Verlag, Katharina Neuser-von Oettingen,
Slevogtstraße 3–5, 69126 Heidelberg

Titel der Originalausgabe: *Initiation à la physique quantique* von Valerio Scarani
Aus dem Englischen übersetzt von Anna Schleitzer
Die französische Originalausgabe ist erschienen bei Librairie VUIBERT, Paris
© Vuibert, Paris 2003

Übersetzerin und Verlag danken Dr. Ulrich Zülicke, Senior Lecturer in Physics, Institute of
Fundamental Sciences an der Massey University, New Zealand, für die fachliche Beratung.

Wichtiger Hinweis für den Benutzer
Der Verlag und der Autor haben alle Sorgfalt walten lassen, um vollständige und
akkurate Informationen in diesem Buch zu publizieren. Der Verlag übernimmt weder
Garantie noch die juristische Verantwortung oder irgendeine Haftung für die Nutzung
dieser Informationen, für deren Wirtschaftlichkeit oder fehlerfreie Funktion für einen
bestimmten Zweck. Der Verlag übernimmt keine Gewähr dafür, dass die beschriebenen
Verfahren, Programme usw. frei von Schutzrechten Dritter sind. Der Verlag hat sich
bemüht, sämtliche Rechteinhaber von Abbildungen zu ermitteln. Sollte dem Verlag
gegenüber dennoch der Nachweis der Rechtsinhaberschaft geführt werden, wird das
branchenübliche Honorar gezahlt.

Bibliografische Information der Deutschen Nationalbibliothek
Die Deutsche Nationalbibliothek verzeichnet diese Publikation in der
Deutschen Nationalbibliografie; detaillierte bibliografische Daten sind im
Internet über http://dnb.d-nb.de abrufbar.

Planung und Lektorat: Katharina Neuser-von Oettingen, Anja Groth
Herstellung: Ute Kreutzer
Umschlaggestaltung: wsp design Werbeagentur GmbH, Heidelberg
Titelfotografie: Michael W. Davidson at Molecular Expressions
Layout/Gestaltung: TypoStudio Tobias Schaedla, Heidelberg
Satz: Mitterweger & Partner, Plankstadt
Druck und Bindung: Krips b.v., Meppel

Printed in The Netherlands

ISBN 978-3-8274-1794-7

Aktuelle Informationen finden Sie im Internet unter www.elsevier.de und
www.elsevier.com

Inhalt

Vorwort   IX
Prolog   XVII

Teil I: Quanteninterferenz   1

1   Im Herzen des Problems   3
1.1   Fribourg, Mai 1997   3
1.2   Erste Beobachtungen   4
1.2.1   Halbdurchlässige Spiegel   4
1.2.2   Experiment 1   5
1.2.3   Experiment 2   6
1.3   Interferometrie   8
1.3.1   Der Ausgangspunkt   8
1.3.2   Mehr Überraschungen   9
1.3.3   Das Prinzip der Ununterscheidbarkeit   11
1.4   Am Ende der ersten Vorlesung   12

2   Zurück in die Geschichte   13
2.1   Fragen und Eigenschaften   13
2.1.1   Ununterscheidbare Autos   13
2.1.2   Klassische Fragen   14
2.1.3   Quantenfragen   16
2.2   Wellen und Teilchen   18
2.2.1   Eine kurze Geschichte des Teilchenbegriffs   18
2.2.2   Eine kurze Geschichte des Interferenzbegriffs   21
2.2.3   Warum Quantenmechanik?   24
2.3   Ausblick   25

3   Dimensionen und Grenzen   27
3.1   Reale Experimente   27
3.2   Neutroneninterferometrie   28
3.2.1   Ein Teilchen nach dem anderen   28
3.2.2   Quelle und Interferometer   29
3.2.3   Wegunterschiede   32
3.2.4   Die Größe von Rauchs Interferometer   35
3.3   Interferenz von großen Molekülen   36
3.3.1   Ein Student von Rauch   36
3.3.2   An die Grenzen gehen   37
3.3.3   Das Wiener Experiment   38
3.3.4   Quantenfußball   39

4   Auflehnung gegen die Autorität   41
4.1   Der Heisenberg-Mechanismus   41
4.1.1   Konstanz 1998   41
4.1.2   Ein Mechanismus hinter all den Prinzipien?   42
4.2   Heisenbergs Mechanismus im Labor   44
4.2.1   Atominterferometrie   45
4.2.2   Die Bedeutung des Konstanzer Experiments   47
4.3   Komplementarität und Unbestimmtheit   47

5   Eine nette Idee   51
5.2   Kryptographie   52
5.2.1   Eine Wissenschaft wird geboren   52
5.2.2   Das One-Time-Pad (Vernam-Code)   52
5.3   Die Verteilung eines Quantenschlüssels   54
5.3.1   Das Prinzip   54
5.3.2   Gerät und Protokoll   55
5.3.3   Der Lauscher wird ertappt   57
5.4   Eine Idee trägt Früchte   59
5.4.1   Von Bangalore nach Genf   59
5.4.2   Eine neue Perspektive   60

Teil II: Quantenkorrelation 61

6 Ununterscheidbarkeit über die Entfernung 63
6.1 Saint Michel, zweite Vorlesung 63
6.2 Die (Un)unterscheidbarkeit zweier Teilchen 64
6.2.1 Das Franson-Interferometer 64
6.2.2 Zweiteilchen-Interferenz 66
6.3 Erste Betrachtung der Konsequenzen 68
6.3.1 Ein Prinzip und eine Überraschung 68
6.3.2 (Wenigstens) drei Erklärungen 70
6.3.3 Nachrichten übermitteln? 71
6.4 Ausblick 72

7 Der Ursprung der Korrelationen 75
7.1 Das Bell'sche Theorem 75
7.1.1 Schiedsrichter, Konditormeister und Teilchen 75
7.1.2 Das Bell'sche Theorem: Vorbemerkungen 77
7.1.3 Das Bell'sche Theorem: Die Aussage 79
7.1.4 Das Bell'sche Theorem: Kommentare 81
7.2 Eine kurze Geschichte der Quantenkorrelationen 83
7.2.1 Einstein-Podolski-Rosen und die Nichtlokalität 83
7.2.2 Schrödinger und die Nichtseparierbarkeit 84
7.2.3 Dreißig Jahre im Schrank 86
7.2.4 John Bell 88
7.3 Zurück zu den Phänomenen 89

8 Orsay, Innsbruck, Genf 91
8.1 Die Experimente von Aspect (1981/82) 91
8.1.1 Die ersten Experimente 91
8.1.2 Das Lokalitäts-Schlupfloch 92
8.2 1998: Zwei weitere Experimente 94
8.2.1 Das Aspect-Experiment – perfektioniert 94
8.2.2 Korrelationen über zehn Kilometer Entfernung 95
8.3 Ein sonderbares Argument 96
8.4 „Experimentelle Metaphysik" 98

9   Erklärungsversuche   99
9.1   Warum sind wir überrascht?   99
9.2   Der „orthodoxe" Ansatz   100
9.2.1   Eine zufriedenstellende Überlegung   100
9.2.2   Bohrs Sicht   102
9.2.3   Everetts Sicht   103
9.3   Alternativen   104
9.4   Die mechanistische Interpretation der Führungswellen   106
9.5   Bemerkungen zum Ausgleich   107
9.5.1   Zufall und Determinismus   107
9.5.2   Meine Ansicht   109

10   In my End is my Beginning   111
10.1   Variationen   111
10.2   Quanten-Teleportation   112
10.3   Epilog   114

Anmerkungen   117

Index   137

Das Jahrhundert der Quantenrevolutionen

Im Jahr 1900 sah sich Max Planck gezwungen, das Konzept des „Quantums" zur Erklärung des Energieaustauschs zwischen Licht und Materie zu akzeptieren. Fünf Jahre später, im *annus mirabilis* 1905 (dessen Jubiläum wir gerade gefeiert haben), entschloss sich der begeisterte Albert Einstein zur Verallgemeinerung des Quantenbegriffs, indem er zuließ, dass Licht selbst aus elementaren Quanten besteht, die später Photonen genannt wurden und sowohl eine spezifische Energie als auch einen spezifischen Impuls besitzen. Natürlich war er sich dabei der Schwierigkeiten bewusst, die der Versuch bereiten würde, das Bild des Lichts als Strom von Teilchen mit der im 19. Jahrhundert entwickelten, erfolgreichen Beschreibung als Welle (genauer gesagt als elektromagnetische Welle) zu vereinbaren. Beugung und Interferenz beobachtet man nur bei Wellen, wie Thomas Young und Augustin Fresnel zu Beginn des 18. Jahrhunderts unmissverständlich nachwiesen. 1909 stellte Einstein bei einem Vortrag in Salzburg[1] die verblüffende Behauptung auf, wir müssten zugeben, dass Licht Welle und Teilchen zugleich sei; das ist leicht dahingesagt, wirkt aber wie eine Kampfansage an unseren Verstand. Seitdem stellt uns die Quantenmechanik vor immer neue Rätsel. Einerseits ist sie die vielleicht erfolgreichste physikalische Theorie aller Zeiten; sie lässt uns die mikroskopische Welt, insbesondere die Stabilität und die Eigenschaften der Materie, verstehen, und gibt eine Erklärung dafür, wie Licht von Materie emittiert oder absorbiert wird. (Lange Zeit war dies unsere einzige Möglichkeit,

---

[1] *The collected Papers of Albert Einstein, Band 2*, übersetzt von A. Beck (Princeton University Press, Princeton, New Jersey, 1989), S. 379–398.

Informationen über die ureigene, mikroskopische, Natur der Materie zu erlangen.) Mithilfe der Quantenmechanik haben Physiker und Ingenieure Geräte wie den Transistor und den Laser erfunden, die den Grundstein für die Entwicklung der modernen Informations- und Kommunikationsgesellschaft legten. Die Basis dieser Revolution aber, der *Welle-Teilchen-Dualismus*, ist nach wie vor nur schwer zu begreifen, wenn wir mit Bildern arbeiten, die aus unserer makroskopischen Alltagserfahrung stammen. Im ersten Kapitel des Bandes zur Quantenmechanik seiner berühmten *Vorlesungen über Physik*, geschrieben in den frühen 1960er Jahren, kündigt der große Physiker Richard Feynman ein Experiment zur Interferenz von Elektronen folgendermaßen an:

> *„In diesem Kapitel werden wir die Grundlage des rätselhaften Verhaltens in seiner seltsamsten Form unmittelbar in Angriff nehmen. Wir wollen ein Phänomen untersuchen, das auf klassische Weise unmöglich, absolut unmöglich zu erklären ist und das den Kern der Quantenmechanik in sich birgt. In der Tat enthält es das einzige Geheimnis überhaupt."* [2]

In der Quantenmechanik gibt es aber noch ein zweites grundsätzliches Mysterium: 1935 entdeckte Einstein gemeinsam mit seinen Kollegen Boris Podolski und Nathan Rosen („EPR"), dass der mathematische Formalismus der Quantenmechanik einen merkwürdigen Zweiteilchen-Zustand zulässt. Schrödinger, der diesem Zustand fast zur gleichen Zeit auf die Spur kam, prägte die Bezeichnung „verschränkt". Zwischen zwei verschränkten Teilchen werden so starke Korrelationen vorhergesagt, dass sich Einstein und seine Mitarbeiter berechtigt sahen, die allgemein übliche Interpretation der Quantenmechanik in Frage zu stellen. Diese maßgeblich von Niels Bohr ausgearbeitete „Kopenhagener Deutung" sieht die Vorhersagen der Quantenmechanik als im

---

[2]   R. P. Feynman, R. B. Leighton und M. Sands, Feynman *Vorlesungen über Physik*, Band 3: Quantenmechanik, Abschnitt 1.1. (Oldenbourg Verlag, München 1999).

Wesentlichen statistischer Natur an. Betrachtet man die Korrelationen zwischen getrennten Teilchen, argumentierten Einstein, Podolski und Rosen, dann kann man nur schwer der Folgerung ausweichen, dass die Quantenmechanik unvollständig ist, dass es eine noch tiefere Ebene der Beschreibung geben muss, auf der zusätzliche Eigenschaften der Teilchen zutage treten, die die Standard-Quantenmechanik nicht erfasst.[3]

Niels Bohr widersprach sofort. Offenbar war er der Überzeugung, der Formalismus der Quantenmechanik ließe sich nicht erweitern oder „vervollständigen", ohne inkonsistent zu werden und zusammenzubrechen. Die Debatte zwischen den beiden großen Physikern wurde bis zu ihrem Tod zwanzig Jahre später nicht beigelegt; gerechterweise ist aber zu sagen, dass sich kaum ein Fachkollege dafür interessierte. „Gewöhnliche" Physiker wendeten einerseits die Quantenmechanik erfolgreich an, verstanden immer komplizertere Phänomene und erfanden neuartige Geräte. Andererseits waren Bohr und Einstein über die Resultate quantenmechanischer Berechungen durchaus einig – ihre Meinungsverschiedenheit betraf allein die Interpretation dieser Ergebnisse. Man hielt die Anwendung der Theorie zu praktischen Zwecken deshalb allgemein für ungefährlich.

Dass dies nicht gerechtfertigt war, zeigte dreißig Jahre später John Bell. 1964 wies er in einer inzwischen berühmten kurzen Arbeit[4] (erschienen in einer unbedeutenden, nach vier Ausgaben eingestellten Zeitschrift) nach, dass man in einen quantitativen Widerspruch zu einigen Vorhersagen der Quantenmechanik gerät, wenn man Einsteins Standpunkt ernst nimmt und die Quantenmechanik entsprechend ergänzt. Inzwischen ist es keine Interpretationsfrage mehr, sondern tatsächlich eine offene Frage – verhält sich die Natur so, wie es die Quantenmechanik

---

[3] Genauso argumentierten einst die Biologen, die deutliche Korrelationen des physischen und medizinischen Erscheinungsbildes von Zwillingsgeschwistern feststellten und (vor der Entdeckung der Chromosomen mit dem Elektronenmikroskop) folgerten, Zwillinge müssten bestimmte gleiche Grundeigenschaften haben, die sie „Gene" nannten.

[4] J. S. Bell, *On the Einstein Podolsky Rosen paradox* (1964), nachgedruckt in J. S. Bell, *Speakable and unspeakable in quantum mechanics*, 2. Aufl. (Cambridge University Press, 2004)

beschreibt, oder gemäß der Vorstellung von Einstein? Angesichts des überwältigenden Erfolgs der Quantenmechanik schien die Antwort auf der Hand zu liegen, aber so ist es nicht. Tatsache ist, dass der Konflikt nur in wenigen Situationen zutage tritt, genauer gesagt ausschließlich in Situationen vom EPR-Typ, in denen also verschränkte Teilchen eine Rolle spielen. Selbst dann sind nur ganz spezielle Messungen betroffen, die noch nie ausgeführt wurden. Als Bells Arbeit erschien, fand sie nur wenig Interesse, wenn der Autor nicht sogar offen angefeindet wurde. Ihre Bedeutung wurde erst erkannt, nachdem eine kleine Gruppe, angeführt von John Clauser und Abner Shimony, eine praktische Versuchsanordnung vorgeschlagen hatte und später glasklare Ergebnisse bekannt geben konnte. In der Folge stellte sich heraus, dass *die Merkwürdigkeit der Verschränkung nichts mit dem Welle-Teilchen-Dualismus zu tun hat.* Die Fortschritte der etablierten Physik in diesem Zusammenhang illustriert wiederum Feynman in seinen *Vorlesungen über Physik* sehr anschaulich. Er äußerte sich (zu Beginn der 1960er Jahre) wie folgt zum EPR-Experiment, damit die Meinung der übergroßen Mehrheit der Physiker widerspiegelnd (und beeinflussend):

> *„Dieser Punkt wurde von Einstein nie akzeptiert ... er wur-*
> *de bekannt als ‚Einstein-Podolski-Rosen-Paradoxon‘. Wenn*
> *man die Situation aber so beschreibt, wie wir es hier getan*
> *haben, scheint es überhaupt kein Paradoxon zu geben.“* [5]

Zwanzig Jahre später scheint Feynman seine Meinung geändert zu haben; über den Konflikt zwischen der Quantenmechanik und den Ungleichungen vom Bell'schen Typ schrieb er dann:

> *„Die Weltsicht, die uns die Quantenmechanik bietet, zu*
> *verstehen, ist uns schon immer schwer gefallen. ... Ich habe*
> *mich damit vergnügt, diese Schwierigkeit auf immer klei-*
> *neren Raum zusammenzuquetschen, mit dem Ergebnis,*

---

[5]   R. P. Feynman, siehe Fußnote 1, Abschnitt 18.3.

*dass ich mir immer mehr Gedanken über diese spezielle
Frage mache. Es wirkt fast lächerlich, dass man das ganze
Problem in eine einzige numerische Entscheidung zwängen
kann, ob nämlich eine Seite eines Ausdrucks größer ist als
die andere. Aber, bitteschön – sie ist größer."* [6] *Die verrück-
te Verschränkung ließ sich nicht auf das Mysterium der
Welle-Teilchen-Dualität reduzieren.*

Um den fundamentalen Unterschied zwischen den konzeptuellen Problemen des Welle-Teilchen-Dualismus einerseits und
der Verschränkung andererseits zu betonen, habe ich angeregt[7],
die seit den 1960er Jahren stattfindende Entwicklung (ausgelöst
ohne Zweifel durch Bells Wiederaufgreifen des EPR-Arguments)
als *zweite Quantenrevolution*[8] zu bezeichnen. Die zweite Quantenrevolution beruht aber nicht nur auf der Entdeckung der
Verschränkung, sondern ebenso auf der gleichfalls in den 1960er
Jahren begonnenen Entwicklung von Methoden, mit denen sich
einzelne mikroskopische Objekte (Elektronen, Atome, Ionen,
Photonen, Moleküle bis hin zu Bauelementen wie dem Joseph-
son-Kontakt) manipulieren, einfangen und beobachten lassen.
Die Anwendung der von vornherein zur Beschreibung großer
Ensembles geeigneten Methoden der Quantenmechanik auf einzelne Quantenobjekte führte zu einer interessanten Klarstellung.
Alle theoretischen Hilfsmittel standen im allgemeinen Formalismus der Quantentheorie bereits zur Verfügung; die Physiker
mussten (wie im Fall der Verschränkung auch) lediglich gut
definierte Wege finden, um sie in den neuen Situationen zu benutzen. Ich behaupte, diese konzeptuellen und experimentellen
Meilensteine der 1960er Jahre – die Erkenntnis der weit reichen-
den Bedeutung der Verschränkung und die experimentelle und
begriffliche Beherrschung einzelner mikroskopischer Objekte –

---

[6]   R. P. Feynman, *International Journal of Theoretical Physics* **21** (1982) 467.
[7]   A. Aspect, „Introduction" in *Speakable and Unspeakable in Quantum mechanics*, siehe Fuß-
      note 3.
[8]   Daniel Klepper, ein bekannter Physikprofessor am Massachusetts Institute of Technology,
      schlug kürzlich den alternativen Namen „neues Quantenzeitalter" vor, der mir mindestens
      genauso gut gefällt.

bilden die Basis der neuen Quantenrevolution, deren Ausgang wir noch nicht absehen können. Wird sie ihrerseits eine technologische Revolution ins Rollen bringen, die unsere Gesellschaft ebenso verändern könnte wie die erste Quantenrevolution? Wir wissen es noch nicht, obwohl wir einige Schritte in diese Richtung bereits erlebt haben. Seit den 1980er Jahren denkt man darüber nach, dass die Verschränkung, ein völlig neues physikalisches Konzept, die Entwicklung völlig neuer Methoden der Informationsverarbeitung ermöglichen kann. Auf diesem modernen Forschungsgebiet der *Quanteninformation* arbeiten Informatiker, Mathematiker, Theoretiker und Experimentalphysiker zusammen. Ein Teilbereich, die *Quantenkryptographie*, ist bereits so weit gediehen, dass kleine Startup-Unternehmen Systeme zum Austausch von Nachrichten bieten, deren Geheimhaltung in der Tat von den Gesetzen der Quantenphysik gewährleistet wird. Ein zweiter Bereich, die *Quantencomputer*, steckt sicherlich noch in den Kinderschuhen; trotzdem sind zahlreiche Experimentatoren damit beschäftigt, die Verschränkung von mehr und mehr Quantenbits (Qubits) *on demand* zustande zu bringen. Theoretiker schlagen währenddessen immer neue Algorithmen vor, die in Quantencomputern umgesetzt werden sollen, wenn es sie denn einst geben wird. (Stand der Technik im Juni 2005 waren sieben verschränkte Qubits.) Der Weg bis zum Quantencomputer, der Aufgaben bewältigen wird, mit denen auch die größten konventionellen Rechner überfordert sind – wie die Faktorisierung (Primfaktorzerlegung) großer Zahlen – ist noch lang, und einer der wichtigsten Stolpersteine ist die Dekohärenz. Niemand weiß, ob es eines Tages gelingen wird, praktisch einsatzfähige Quantencomputer zu bauen. Hervorragende Forscher in aller Welt sind von dieser Aufgabe gefesselt.

Valerio Scaranis Buch handelt die erste und die zweite Quantenrevolution auf gleicher Basis ab. Dabei wird nicht verschwiegen, dass die Begriffe, die hier im Spiel sind, nicht ohne Weiteres verstanden werden können. Selbst professionelle Physiker gestehen ein, zwar zu wissen, wie man die Quantenmechanik anwendet, trotzdem aber Schwierigkeiten zu haben, diese Konzepte in ihr Weltbild einzubauen. Zu diesem Problem sollte man sich bekennen; es ist ein Teil der menschlichen Kultur, deren Wachstum durch die Anhäufung von Erkenntnissen in allen Bereichen unseres Denkens, die Naturwissenschaften eingeschlossen, bewirkt wird. Es wäre eine Tragödie, wenn die Öffentlichkeit darauf verzichten müsste, sich des wissenschaftlichen Erkenntnisfortschritts bewusst zu werden. Eben diesem allgemeinen Publikum will Valerio Scarani mit seinem Buch die Revolutionen der Quantenmechanik nahebringen. Ich denke, er wird seinem Anspruch gerecht. Der Leser, der ihn gemeinsam mit den Studenten des Collège Saint Michel in Fribourg begleitet, wird am Ende eine genauere Vorstellung von der seltsamen Quantenwelt haben – einer Welt, die Physikern bereits vertraut ist und die Ingenieuren aus dem Bereich der Nanotechnologie immer vertrauter wird. Nicht zuletzt ist dieses Buch leicht verdaulich und angenehm zu lesen. Es zeigt, dass es nicht langweilig sein muss, die Geheimnisse der Quantenmechanik zu ergründen – im Gegenteil, es kann höchst spannend sein.

Orsay, Juli 2005

Alain Aspect

Prolog

California Institute of Technology (Caltech), 1984. Alain Aspect, ein junger französischer Physiker, stellt in einem Seminar seine neuesten Experimente vor. Im Publikum sitzt Richard Feynman, Nobelpreisträger von 1965. Ein gewöhnliches Ereignis im akademischen Leben einer der renommiertesten Forschungsstätten der Welt – ein wöchentliches Seminar, nicht viel anders als die Seminare in der Woche zuvor oder danach. Im Rückblick aber erscheint manches gewöhnliche Ereignis in einem besonderen Licht. Feynman gehört zu den großen Persönlichkeiten in der Quantenphysik und gleichzeitig zu ihren besten Lehrern. In seinen Vorlesungen für Studenten[1], in Buchform im gleichen Jahr erschienen, in dem der Autor den Nobelpreis erhielt, behandelt er den Stoff des Grundstudiums in Physik – sozusagen die ganze Physik. Statt sich in mathematischen Herleitungen zu ergehen, die er so souverän beherrscht, bespricht er Phänomene. 1984, im Jahr des hier beschriebenen Seminars, wird Feynman seine drei Vorlesungen für das allgemein interessierte Publikum vorlegen, ein Meisterstück der Kommunikation der Naturwissenschaft[2]. Der junge Mann, dem Feynman gerade zuhört, ist kein solcher Riese, sondern hat eben erst seine Doktorarbeit fertig gestellt. Die Experimente, die er ausgeführt hat, finden jedoch rasch Anerkennung als ein Meilenstein der Physik.

Aspect hat geendet; jetzt ist noch Zeit für Fragen. Feynman hebt die Hand und bittet, eine der Folien noch einmal aufzulegen.[3] Aspect tut es. „Könnten Sie mit diesen Elementen ein Experiment vornehmen, auf das ich schon so viele Jahre lang gewartet habe?" Aspect hat gerade eines der ersten Beweisstücke der „zweiten Quantenrevolution"[4] vorgelegt, Feynmans Frage führt zurück bis zur ersten Quantenrevolution. Dem amerikanischen Physiker ist aufgefallen, dass es ein Experiment gibt, mit dem

sich der Unterschied zwischen klassischer Physik und Quantenphysik schlagend und direkt beweisen ließe – ohne dass man auf
indirekte Beweise, ausufernde Gerätschaften oder mathematische
Vorkenntnisse angewiesen wäre. „Ja, das kann man machen", ant-
wortet Aspect. In Wirklichkeit ist ihm selbst die Idee auch bereits
gekommen. Noch während des Seminars am Caltech baut einer
seiner Studenten in Paris die Versuchsanordnung auf, die man
braucht, um das von Feynman herbeigesehnte Experiment auszuführen.[5] Nach einigen weiteren Fragen zu den Grundlagen der
Quantenmechanik und zu technischen Details zerstreut sich das
Publikum. Niemand ahnt, dass mit diesem Seminar die Epoche
der traditionellen Quantenphysik zu verblassen beginnt und eine
neue Sichtweise am Horizont heraufdämmert.[6]

Die erwähnten Experimente – jene, von denen Aspect in seinem Seminar sprach, und jenes, das Feynman vorschlug – sind
die Eckpunkte dieses Buches (Teil 1 bzw. Teil 2). Ihre Resultate
stellen unser von der alltäglichen Erfahrung geformtes Naturbild
infrage; angesichts der Phänomene sind wir erstaunt, überrascht,
fasziniert und verstört zugleich – kein schlechter Ausgangspunkt
für eine philosophische Diskussion.[7] Dass die Quantenphysik unsere Weltsicht beeinflusst, ist allbekannt. Ob man von „Quantenphysik" sprechen darf, ohne sich zu einer Interpretation zu bekennen, ist unter den Fachleuten strittig. Zum großen Teil befasst sich
dieses Buch im Feynman'schen Geist mit den Phänomenen, wobei
zur Interpretation nur ein einziges Prinzip (das „Prinzip der Ununterscheidbarkeit") angegeben wird – die minimale Interpretation überhaupt und gedacht als Anhaltspunkt zur Klassifikation,
nicht unbedingt als tiefgründige metaphysische Erklärung. Einen
Überblick über kompliziertere (und deshalb gewissermaßen inte-
ressantere) Interpretationen gebe ich Ihnen am Ende des Buchs,
nachdem ich Ihnen die Phänomene erklärt habe.

Dieses Buch entstand aus Manuskripten von Vorlesungen mit
unterschiedlicher Zuhörerschaft. Ein Manuskript, das schwarz
auf weiß und gebunden vor mir liegt, kann ich weder dort spontan kürzen, wo ich im Publikum Langeweile verspüre, noch ein
bisschen ausdehnen, wo das Publikum gefesselt scheint. Umso

mehr möchte ich den Leser warnen: Ich gehe nicht vom Einfachen zum Komplizierten. Der Inhalt meiner Vorlesungen bestand in den jetzigen Kapiteln 1, 6 und 9, die das Rückgrat dieses Buches bilden. Am anstrengendsten zu lesen ist sicherlich Kapitel 7 mit der Diskussion des Bell'schen Theorems (Abschnitt 7.1).

Diese Einführung in die Quantenphysik profitiert von den klaren Vorstellungen, die ich während des Studiums von François Reuse und Antoine Suarez vermittelt bekam und im engen Kontakt mit Nicolas Gisin und anderen Physikern aus dem Bereich Quanteninformation (von denen ich Sandu Popescu hervorheben möchte) vertiefen konnte. Zum Verfassen der französischen Originalausgabe ermutigte mich Jean-Marc Lévy-Leblonds; Feedback habe ich von so vielen Seiten erhalten, dass ich hier unmöglich alle nennen kann, die sich zu meinem Text geäußert haben. Die englische Übersetzung hat Alain Aspect, Mark Fox und Sonke Adlung auf Seiten des Herausgebers, der Übersetzerin Rachael Thew und der Kritik eines anonymen Rezensenten viel zu verdanken.

Teil I

Quanteninterferenz

· 1 ·

Im Herzen des Problems

1.1 Fribourg, Mai 1997

„Schließlich und endlich ist die Physik nur eine Beschreibung, keine Erklärung." Viele Male habe ich mich selbst so oder ähnlich geäußert, in zwanglosen Unterhaltungen, wenn mein Gesprächspartner in eine endlose Lobpreisung der experimentellen Naturwissenschaften und nicht weniger endlose Abwertung aller anderen Formen des menschlichen Wissens abzugleiten drohte. Aus dem Mund meines Freundes Jean-Paul Fragnière, seines Zeichens Philosophiedozent in dem beschaulichen Städtchen Fribourg in der Schweiz, klingt dieser Satz allerdings wie die Verkörperung einer anderen, weiter entfernten Art zu denken ... wie der Nachhall der Rivalität zwischen Geistes- und Naturwissenschaften, die als Relikt der Arroganz des Positivismus in der frankophonen Welt noch immer hier und da aufblitzt.

Wir befinden uns zwischen den dicken Mauern des Collège Saint-Michel, im sechzehnten Jahrhundert von Jesuiten erbaut und seit einigen Jahrzehnten als öffentliche Schule genutzt. Jean-Paul unterrichtet im ehemaligen Kornspeicher, einem geschichtsträchtigen, wenn auch modern hergerichteten Ort. Wo ich über Quantenphysik sprechen werde, diskutierten einst die ersten Schülergenerationen leidenschaftlich über das heliozentrische Weltbild. Die Quantenphysik beschäftigt meinen Freund stark; wie sollte es anders sein, wenn er als Philosophiedozent von seinen Studenten, die davon gehört oder darüber gelesen haben, mit der Ansicht konfrontiert wird, die Quantenphysik setze die Kausalität außer Kraft? Einer nach dem anderen treffen jetzt die Studenten ein, uns beide freundlich grüßend. Unterdessen erklärt mir Jean-Paul, die Frage der Interpretation der modernen

Naturwissenschaften interessiere ihn zwar sehr, beunruhige ihn aber nicht weiter, denn „Physik ist nur eine Beschreibung, keine Erklärung". Diesmal reagiere ich nicht darauf – glücklicherweise wird auch keine Antwort von mir erwartet.

Alle Zuhörer haben einen Platz gefunden und Jean-Paul stellt mich vor, mit dem Zögern des Freundes, der plötzlich feststellt, meine akademischen Qualifikationen nicht zu kennen. Unser Weg führt nun direkt ins Herz der Quantenphysik – zunächst zu dem Experiment, das Aspect auf Bitten von Feynman ausführte.[8]

1.2 Erste Beobachtungen

1.2.1 Halbdurchlässige Spiegel

Einem um wenige Minuten verspätet eintreffenden Zuhörer hätte sich ein merkwürdiges Bild geboten: Das gesamte Auditorium hatte den Blick zu den Fenstern gerichtet. Verständliche Langeweile? In diesem Fall das Gegenteil, nämlich ein Zeichen aufmerksamen Interesses. Gerade hatte ich eine Fensterscheibe als alltägliches Beispiel eines *halbdurchlässigen Spiegels* bezeichnet: Wer von außen in den Raum blickt, kann uns hinter dem Glas sitzen sehen; gleichzeitig aber wirft uns die Scheibe unser eigenes Spiegelbild zurück. Das bedeutet, ein Teil des Lichts, das wir emittieren, wird vom Glas *durchgelassen*, der Rest wird *reflektiert*.

Allgemein verstehen wir unter einem halbdurchlässigen Spiegel ein Objekt, das einen Strahl in zwei Teilstrahlen spaltet. Deshalb bezeichnen wir die Anordnung auch als *Strahlteiler*. Im Fall der Fensterscheibe haben wir es mit Lichtstrahlen zu tun, zumindest prinzipiell kann man aber auch Teilchenstrahlen[9] (Neutronen, Atome, Elektronen usw.) teilen. In Kapitel 3 werden wir einen Neutronenstrahlteiler kennenlernen. Im Augenblick wollen wir unsere Diskussion möglichst allgemein halten, denn die im Anschluss beschriebenen Phänomene sind für Teilchenstrahlen aller Art die gleichen. Folgende Bauteile stehen uns zur Verfügung:

(1) eine *Quelle*, die einen Teilchenstrahl aussendet, (2) verschiedene *Strahlteiler* und (3) geeignete *Detektoren* für die Teilchen. Unter einem Detektor verstehen wir dabei einfach ein Messgerät, mit dem wir die betreffenden Teilchen zählen können.

1.2.2 Experiment 1

Wir schießen ein Teilchen nach dem anderen auf einen halbdurchlässigen Spiegel und zählen, wie viele Teilchen vom Spiegel durchgelassen (D) und wie viele reflektiert (R) wurden. Ein Schema des Versuchs sehen Sie in Abbildung 1.1. Nachdem sehr viele Teilchen auf den Spiegel getroffen sind, beobachten wir Folgendes:

Erstens sprechen die beiden Detektoren niemals gleichzeitig an. Das bedeutet, am Strahlteiler werden die Teilchen nicht geteilt, sondern als Ganzes *entweder durchgelassen oder reflektiert*. Von genau diesem Phänomen war übrigens Feynman gefesselt: Führt man das Experiment mit einem Lichtstrahl aus, so beweist es eindeutig dessen Teilchennatur und ersetzt damit den genialen, aber indirekten Weg, den Einstein 1905 beschreiten musste, um eben dies zu zeigen.

Zweitens stellen wir beim Zählen fest, dass die Hälfte der Teilchen durchgelassen und die Hälfte reflektiert wurde. Dieses Resultat müssen wir genau so verstehen wie das Ergebnis eines Kopf-oder-Zahl-Spiels mit Münzen. Werfen wir die Münze hinreichend oft, so können wir zwar nicht voraussagen, auf welcher Seite sie im Einzelfall landet, trotzdem aber wissen wir, dass die

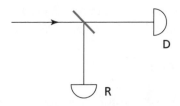

Abb. 1.1: Anordnung zur Erklärung der Funktionsweise eines halbdurchlässigen Spiegels (eines Strahlteilers).

Anzahl der „Kopf"-Würfe mehr oder weniger gleich der Anzahl der „Zahl"-Würfe sein muss. Mathematisch ausgedrückt ist die *Wahrscheinlichkeit* jedes der beiden Ereignisse gleich 50 % oder 1/2. Exakt formuliert lautet also das Ergebnis von Experiment 1: Die Wahrscheinlichkeit dafür, dass ein Teilchen vom Strahlteiler durchgelassen wird, ist genauso groß wie die Wahrscheinlichkeit, dass es reflektiert wird. Beide Wahrscheinlichkeiten sind gleich 50 %, weil die Summe der Wahrscheinlichkeiten gleich 100 % sein muss.

Einige Studenten tauschen an dieser Stelle Blicke und unterbrechen mich dann. Sie seien, so behaupten sie, recht überrascht von dem Vergleich zwischen Teilchenweg und Münzwurf: Sind Teilchen, physikalische Objekte, etwa in der Lage, sich *zufalls-bestimmt* zu verhalten? Diese durchaus angemessene Frage zu hören bereitet mir Vergnügen angesichts der vielen Tinte, die im Laufe des vergangenen Jahrhunderts geflossen ist, um sie zu beantworten. Auch Jean-Paul freut sich und holt sichtlich Luft, um seine Studenten zu fragen, was sie denn unter *Zufall* verstehen, einem Begriff, der allzu oft leichtfertig verwendet wird, was ein Philosophieprofessor natürlich nicht durchgehen lassen kann. Ich aber schaue auf die Uhr und lasse mich (zu diesem frühen Zeitpunkt) nicht in die Falle einer Diskussion über Zufall und Determinismus locken. Zufälligkeit ist sicher ein Kernpunkt der Quantenphysik, aber die Quantenphysik ist mehr als nur eine Frage des Zufalls. Deshalb bitte ich die Studenten, vorerst zu akzeptieren, dass wir das Verhalten von Teilchen an einem Strahlteiler in der Sprache der Wahrscheinlichkeitstheorie beschreiben. Mit dem (In)determinismus werden wir uns später, im Zuge der Interpretation, befassen. Zunächst aber müssen wir mit den Phänomenen Bekanntschaft schließen.

1.2.3 Experiment 2

Um uns mit der Wirkung von Strahlteilern vertrauter zu machen, ist es hilfreich, wenn wir Experiment 1 ein bisschen erweitern, wie Sie es in Abbildung 1.2 sehen. In den Weg der beiden Teilstrahlen,

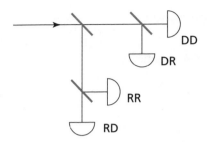

Abb. 1.2: Diese drei Strahlteiler definieren vier Wege.

die hinter dem ersten Strahlteiler entstanden sind, stellen wir jetzt jeweils einen weiteren Strahlteiler. Die Anordnung hat damit vier Ausgänge, denn ein Teilchen kann zweimal durchgelassen (DD), am ersten Spiegel durchgelassen und am zweiten reflektiert (DR), am ersten Spiegel reflektiert und am zweiten durchgelassen (RD) oder zweimal reflektiert (RR) werden. Mit welcher Wahrscheinlichkeit finden wir ein Teilchen an jedem der Ausgänge?

Diese Frage können wir aus dem Stand nicht beantworten. Nehmen wir zunächst an, jedes Teilchen trägt eine „Instruktion" mit sich, sodass es jedes Mal, wenn es auf einen Strahlteiler trifft, entweder ganz sicher reflektiert oder ganz sicher durchgelassen wird. In diesem Fall finden wir die Hälfte der Teilchen bei DD und die Hälfte bei RR, kein Teilchen erreicht die Ausgänge DR und RD.

Dieses Ergebnis beobachten wir aber nicht. Stattdessen finden wir nach dem Durchgang von hinreichend vielen Teilchen je 25 % von ihnen an allen vier Ausgängen (wieder sind die Wahrscheinlichkeiten gemeint), was uns an unseren Münzwurf erinnert: Werfen wir eine Münze jeweils zweimal nacheinander, dann erhalten wir mit gleicher Häufigkeit die Ergebnisse Kopf/Kopf, Kopf/Zahl, Zahl/Kopf und Zahl/Zahl. Abgesehen von der wiederkehrenden Frage der Zufälligkeit, die wir ja vorerst ignorieren wollen, überrascht das Resultat sicherlich kein bisschen.

1.3 Interferometrie

1.3.1 Der Ausgangspunkt

Die nächste Anordnung, durch die wir unseren Teilchenstrahl schicken wollen, ist in Abbildung 1.3 skizziert. Sie enthält zwei vollständig reflektierende Spiegel, die sämtliche auftreffenden Teilchen umlenken. Auf diese Weise können wir nach dem ersten Strahlteiler beide Teilstrahlen auf einen zweiten Strahlteiler schicken, dessen zwei Ausgänge dann *RD oder DR* einerseits und *DD oder RR* andererseits entsprechen.

Wer Experiment 2 verstanden hat, erwartet hier kein Problem: An den Ausgängen RD und DR haben wir dort je 25 % aller Teilchen gezählt, am Ausgang *RD oder DR* sollten es jetzt also 25 % + 25 % = 50 % sein. Die andere Hälfte sollte sich am Ausgang *DD oder RR* zeigen. Fassen wir unsere Vorhersage zusammen:

VORHERSAGE: 50 % aller Teilchen kommen am Ausgang *RD oder DR* an, die anderen 50 % am Ausgang *DD oder RR*.

Das beobachten wir aber nicht – im Gegenteil, das Experiment liefert ein absolut dramatisches Ergebnis:

BEOBACHTUNG: Alle Teilchen kommen am Ausgang *RD oder DR* an.

Ohne Zweifel haben wir etwas übersehen, aber was? Ganz in Ruhe wollen wir noch einmal unsere Beweismittel sortieren. Experiment 2 ist unwiderlegbar: Definitiv kamen je 25 % der

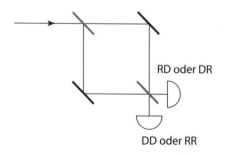

Abb. 1.3: Symmetrisches Mach-Zehnder-Interferometer.

Teilchen bei DD und bei RR an. Unsere Strahlteiler funktionieren also richtig. Außerdem haben wir ganz sicher ein Teilchen nach dem anderen in die Anordnung geschickt; wir können also ausschließen, dass sich durch einen unglücklichen Zufall zwei Teilchen am zweiten Strahlteiler treffen und das Ergebnis unserer Messung durch solche unerwünschten Zusammenstöße beeinflusst wird. Schließlich wissen wir aus Experiment 1, dass unsere Partikel unteilbar sind: Niemals haben wir irgendwo ein halbes Teilchen gezählt – immer waren die Teilchen vollständig und nur jeweils ein Detektor sprach an. Wie es scheint, ist alles in Ordnung; trotzdem verhält sich die Natur in Experiment 3 in völlig unerwarteter Weise. Hier berühren wir das Herz der Quantenphysik, und es erwarten uns noch mehr Überraschungen ...

1.3.2 Mehr Überraschungen

Die Wege, die ein Teilchen in der Anordnung aus Abbildung 1.3 nehmen kann, sind exakt gleich lang. Einen der beiden Wege wollen wir nun ein bisschen verlängern (Abb. 1.4). Sobald sich die Weglängen unterscheiden, treffen einige Teilchen (bei kleiner Wegdifferenz nur wenige) am Ausgang *DD oder RR* ein. Je größer die Wegdifferenz ist, umso mehr Teilchen zählen wir an diesem Ausgang. Erreicht die Differenz einen bestimmten Wert *L*, dann kommen *alle* Teilchen bei *DD oder RR* an und keines an *RD oder DR*. Nimmt die Differenz über *L* hinaus zu, beobachten wir den umgekehrten Effekt, bis wir bei *2L* wieder alle Teilchen an *RD oder DR* zählen, als wenn die beiden Wege gleich lang wären. Anschließend beginnt der Zyklus wieder von vorn, aber wir wollen es dabei belassen.[10]

    Die Bedeutung dieser neuen Information wird offensichtlich, wenn wir die Frage so stellen: Wie kann es sein, dass wir das Verhalten *aller* Teilchen beeinflussen, obwohl wir nur *einen* der beiden Wege modifizieren? Wie können die Teilchen auf dem Weg, den wir unverändert lassen, von dieser Modifikation „wissen"? Genau das beobachten wir aber, so verhält sich die Natur! Es bleibt uns nichts anderes übrig als zu folgern, dass jedes

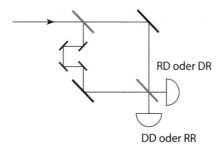

RD oder DR

DD oder RR

Abb. 1.4: Leicht asymmetrisches Mach-Zehnder-Interferometer.

Teilchen über alle möglichen Wege „informiert" ist, ohne sich dazu irgendwie aufspalten zu müssen, denn aus Experiment 1 ist bekannt, dass ein bestimmtes Teilchen stets nur einen der beiden Wege nehmen kann, niemals beide gleichzeitig.

Um dieses Problem noch genauer zu untersuchen, nehmen wir an, wir fänden tatsächlich eine Methode, mit der wir feststellen können, ob das Teilchen am ersten Strahlteiler durchgelassen oder reflektiert wurde – anders ausgedrückt, wir könnten den Weg des Teilchens zweifelsfrei messen. Gewiss würde dabei das Resultat von Experiment 1 bestätigt, das bedeutet, wir würden das Teilchen auf beiden Wegen mit gleicher Wahrscheinlichkeit beobachten. Das Resultat von Experiment 3 hingegen würde sich vollkommen ändern: Wissen wir den Weg jedes einzelnen Teilchens, dann zählen wir die eine Hälfte bei *RD oder DR* und die andere bei *DD oder RR*, gleichgültig, wie groß wir die Wegdifferenz wählen. Auf den Punkt gebracht: Sobald wir versuchen festzustellen, welchen Weg das Teilchen nimmt, gehen die überraschenden Effekte der Anordnung 3 komplett verloren und die Teilchen benehmen sich so, wie es unsere Intuition uns sagt.

Das bizarre Verhalten der Teilchen hat einen Namen. Wir sprechen von *Einteilchen-Interferenz* oder dem Phänomen, dass ein Teilchen *mit sich selbst interferiert*. Wie diese Bezeichnung zustande kommt, erfahren Sie im nächsten Kapitel. Die Anordnung in Abbildung 1.3 ist ein *Mach-Zehnder-Interferometer*.

1.3.3 Das Prinzip der Ununterscheidbarkeit

In dieser ersten Vorlesung habe ich einige Quantenphänomene eingeführt; mehr (und seltsamere) folgen in der zweiten Veranstaltung, die eine Woche später am selben Ort stattfinden wird. Erst am Ende dieser zweiten Stunde werden die Studenten und der Leser genug von den Grundlagen erfahren haben, um sich auf das Abenteuer einer ernsthaften Interpretation der Quantenphysik einzulassen. Denken Sie daran: Phänomene sind unbestreitbar, Synthesen, Beschreibungen und Erklärungen aber nicht! Ein Apfel fällt vom Baum, gleich aus welchem Grund – weil sein natürlicher Zustand „nach unten" lautet, weil die Erde über die Entfernung hinweg eine Kraft (genannt Gravitation) auf ihn ausübt oder weil die Raumzeit entsprechend deformiert ist. Der Apfel lehrt uns aber erstens, dass nicht alle Beschreibungen gleichwertig sind – manche spiegeln die Realität besser wider als andere – und zweitens, dass der Naturwissenschaft wahre Durchbrüche in dem Maße gelungen sind, in dem sie von der reinen Verwaltung eines Katalogs von Phänomenen zu einer Synthese[11] überging. Die Studenten wiederum hätten nichts dagegen, schon heute irgendeine „Erklärung" mit nach Hause zu nehmen, möge sie auch noch so provisorisch sein.

In der Tat lässt sich ein Prinzip formulieren, das die Bedingungen, unter denen ein Teilchen mit sich selbst interferiert, *beschreibt*. Zugegeben, ein beschreibendes Prinzip ist keine wirklich befriedigende Lösung und definitiv keine gültige Erklärung, aber es gestattet uns zumindest, die Experimente in der Synthese darzustellen, und bildet damit die minimal zulässige Interpretation – den sichersten Schritt. Dieses sogenannte *Prinzip der Ununterscheidbarkeit*[12] lautet folgendermaßen:

Interferenz tritt auf, wenn ein Teilchen einen Detektor auf verschiedenen Wegen erreichen kann und diese Wege nach dem Nachweis des Teilchens nicht mehr unterschieden werden können.

Wir wollen das Prinzip auf die Experimente anwenden, die wir bereits besprochen haben. In den Anordnungen 1.1 und 1.2 führt zu jedem Detektor nur ein Weg; in dem Moment, in dem wir ein Teilchen nachweisen, wissen wir also genau, welchen Weg es genommen hat. Infolge der Unterscheidbarkeit der Situationen tritt keine Interferenz auf. Finden wir dagegen in den Anordnungen 1.3 oder 1.4 ein Teilchen nach dem zweiten Strahlteiler, so haben wir keine Chance festzustellen, auf welchem der beiden möglichen Wege es angekommen ist. Diese beiden Wege sind ununterscheidbar, folglich beobachten wir Interferenz. Schließlich haben wir noch gesehen, dass die Interferenz verschwindet, sobald wir das Teilchen auf einem der beiden Wege nachweisen. Allgemeiner ausgedrückt: Die Interferenz verschwindet, wenn das Teilchen eine Spur auf einem der Wege hinterlässt, weil auf diese Weise die Ununterscheidbarkeit der Wege verloren geht.

1.4 Am Ende der ersten Vorlesung

Lassen wir es für heute dabei bewenden: „Der Mensch kann nicht allzu viel Wirklichkeit aushalten"[13], schon gar nicht nach einem langen Studientag.[14] Höchste Zeit, die nächste Veranstaltung anzukündigen, schon verlassen die Studenten den Raum mit der scheinbaren Undankbarkeit der Jugend – kaum einer, der sich verabschiedet. Jean-Paul und ich schließen die Tür, steigen die enge Treppe hinab, schreiten den beeindruckenden, von Porträts ehemaliger Rektoren gesäumten Korridor entlang und treten hinaus in den großen Innenhof des Collège: zurück ins wirkliche Leben oder eher zurück ins *gewöhnliche* Leben. Die Realität des Verhaltens von Teilchen lässt uns bescheidener werden.

· 2 ·

Zurück in die Geschichte

2.1 Fragen und Eigenschaften

2.1.1 Ununterscheidbare Autos

Vor den Toren von Saint-Michel verabschiede ich mich von Jean-Paul, der sich auf den Heimweg macht, und wende mich nach links, eine überdachte Gasse hinunter in die Stadtmitte von Fribourg. Vor der Kathedrale treffen dort drei viel befahrene Straßen in einem Kreisverkehr aufeinander. An der Südseite der Kathedrale entlang gehe ich weiter. Ein Auto nach dem anderen fährt auf der Straße an mir vorbei. Den Kreisverkehr habe ich jetzt nicht mehr im Blick, deshalb kann ich nicht sagen, aus welcher Richtung ein Fahrzeug an der Kreuzung eingetroffen ist. Jedes einzelne Auto, das mich überholt, kann auf drei verschiedenen Wegen gekommen sein. Damit habe ich mich bezüglich der Autos in eine Situation der Ununterscheidbarkeit gebracht. Warum wirkt das Straßennetz dann eigentlich nicht als Quanteninterferometer? Die Antwort darauf gibt der gesunde Menschenverstand: Die Ununterscheidbarkeit ist natürlich nur scheinbar, sie erwächst aus der Ignoranz und kann leicht aufgehoben werden. Um mir Klarheit über die Wege zu verschaffen, müsste ich nur die Fahrer fragen oder ein paar Schritte zurück zum Kreisverkehr gehen. Keins von beiden würde den Bestimmungsort der Fahrzeuge in irgendeiner Weise beeinflussen. Anders ist es in der Quantenphysik: Den Weg eines Teilchens zu kennen, kann dort dessen Schicksal grundsätzlich verändern.

2.1.2 Klassische Fragen

Ich schlage dem Leser folgendes Experiment mit Papier und Bleistift vor: Betrachten wir alle Autos, die momentan auf den Straßen im Stadtgebiet von Fribourg unterwegs sind; sie bilden eine *Menge*[15]. Indem wir eine Frage stellen, die mit *ja* oder *nein* beantwortet werden kann, teilen wir diese Menge in zwei *Teilmengen*. Frage 1 lautet zum Beispiel: Befindet sich das Auto östlich des Flüsschens Sarine, das die Stadt durchfließt? Die Teilmengen sind dann einmal die Autos, für die die Antwort auf die Frage *ja* lautet (die also auf der Ostseite der Sarine fahren), und einmal die Autos, für die die Frage mit *nein* beantwortet wird (die auf der Westseite der Sarine fahren oder den Fluss gerade auf einer Brücke überqueren). Ähnlich könnte Frage 2 lauten: Hält das Auto die Geschwindigkeitsbeschränkung von 50 km/h ein? Wieder wird die Menge in zwei Teile zerlegt; die Teilmengen unterscheiden sich aber prinzipiell von jenen, die sich nach Frage 1 bilden. Natürlich kann ich auch kompliziertere Fragen stellen, zum Beispiel Frage 3: Befindet sich das Auto schon länger als eine Viertelstunde im Stadtgebiet von Fribourg?

Wir können die Teilmengen, die durch unsere Fragen erzeugt werden, schematisch darstellen wie in Abbildung 2.1. Dann sehen wir sofort, dass das Konzept der Menge nicht auf solche einfachen Strukturen beschränkt ist, denn die Fragen lassen sich auch kombinieren. Befindet sich das Auto östlich der Sarine *und*

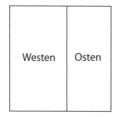 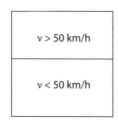 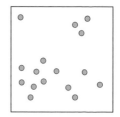

Abb. 2.1: Definition klassischer binärer Eigenschaften einer Menge von Autos. Die grauen Punkte im Quadrat rechts stehen für die Elemente der Menge, für die die Antwort auf Frage 3 *ja* lautet.

hält es die Geschwindigkeitsbeschränkung ein? Zur Antwort *nein* gehört die Schnittmenge der beiden Teilmengen, die der Antwort *nein* auf die Fragen 1 und 2 entsprechen (Abb. 2.2a). Mit ein wenig Übung kann der Leser sich selbst davon überzeugen, dass zum logischen *und* eine Schnittmenge gehört und zum logischen *oder* eine Vereinigungsmenge; die logische Negation (*not*) verknüpft eine Menge mit ihrem Komplement, die logische Implikation (*wenn–dann*) wird durch Einschluss (Inklusion) einer Menge in eine andere erreicht und so weiter.

Die allgemeine Logik kann mithilfe der Mengenlehre formalisiert werden. Warum funktioniert das? Diese offenbare Übereinstimmung zwischen unserer Art des logischen Denkens und einer mathematischen Struktur muss eine Ursache haben.

So ist es in der Tat. Wir setzen voraus, an die Menge der Fahrzeuge nacheinander beliebige Fragen stellen zu können und auf alle Fragen eine sinnvolle Antwort zu erhalten. Jede Antwort teilt die Menge, der die Frage gestellt wurde, in Hälften. Stellen wir hinreichend viele Fragen, so werden die Teilmengen immer kleiner, bis schließlich jedes einzelne Auto durch eine Liste von *ja*- oder *nein*-Antworten charakterisiert ist. Unser Schema enthält zum Beispiel nur ein einziges Auto (dargestellt durch den schwarzen Punkt in Abb. 2.2b), das sich westlich der Sarine befindet, schneller fährt als 50 km/h und sich seit mehr als einer Viertelstunde im Stadtgebiet von Fribourg aufhält. Die Datenliste für dieses Fahrzeug lautet dann: nein (Frage 1), nein (Frage 2), ja (Frage 3).

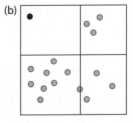

Abb. 2.2: Definition der logischen Kombination (*und, AND*) als Schnittmenge.

2.1.3 Quantenfragen

Kehren wir nun zu unserem Quanteninterferometer in Abb. 1.3 zurück. Der Einfachheit halber bezeichnen wir die Ausgänge *RD oder DR* und *DD oder RR* mit D_1 bzw. D_2. Anstelle von Autos haben wir es jetzt mit Teilchen zu tun. Wir betrachten die folgenden Fragen:

1. Hat das Teilchen den ersten Strahlteiler auf dem Weg D erreicht?
2. Wurde das Teilchen an D_1 nachgewiesen?

Beide Fragen lassen sich mit „ja" oder „nein" beantworten. Wir sollten mit den Teilchen deshalb genauso verfahren können wie mit den Autos im Abschnitt zuvor. Beispielsweise sollte sich die Menge der Teilchen definieren lassen, die den Weg D nehmen (ich nenne sie S_1), und die Menge der Teilchen, die an D_1 nachgewiesen wird (ich nenne sie S_2); alle Teilchen, die sowohl auf D angekommen sind als auch an D_1 gezählt wurden, sollten dann durch die Schnittmenge S von S_1 und S_2 erfasst werden. Warum sollte das nicht korrekt sein?

Beziehen wir uns nun aber auf die in Kapitel 1 erklärten Experimente, dann wird die Analyse der Fragen 1 und 2 problematisch. Effektiv lassen sich zwei Fälle unterscheiden:

- Fall I: Wenn wir das Experiment nicht verändern, dann muss einerseits, wie wir wissen, die Antwort auf Frage 2 immer *ja* lauten, weil alle Teilchen an D_1 ankommen. Andererseits lässt diese Anordnung eine Beantwortung von Frage 1 *nicht zu.*
- Fall II: Wenn wir das Experiment durch den Einbau von Detektoren auf den Wegen R und D modifizieren (also dafür sorgen, dass wir Frage 1 beantworten können), dann verändern wir die Antwort auf Frage 2: Jetzt lautet die Antwort nur für die Hälfte der Teilchen *ja.* Das bedeutet, die Antwort auf eine Frage hängt davon ab, welche Fragen wir außerdem noch stellen!

Offensichtlich sind die Fälle I und II nicht miteinander vereinbar, was wir schon in Kapitel 1 bemerkt haben, als wir uns gezwungen sahen zuzugeben, dass jedes Teilchen sowohl über den Weg R als auch über den Weg D „Bescheid wissen" muss. Wir wollen untersuchen, worin das Problem jetzt besteht.

In Fall I, haben wir festgestellt, können wir Frage 1 nicht experimentell beantworten. Das heißt, wir können nicht erfahren, auf welchem Weg das Teilchen ankommt, ohne das Ergebnis zu beeinflussen. Können wir aber nicht wenigstens versuchen, die Antwort auf Frage 1 zu *erraten* – oder, anders ausgedrückt, hat Frage 1 vielleicht eine „versteckte Antwort"? Nicht einmal das, wie wir durch *reductio ad absurdum* beweisen wollen. Nehmen wir dazu an, diese versteckte Antwort existiert, das bedeutet, ein bestimmter Prozentsatz p der Teilchen nimmt tatsächlich den Weg R. Betrachten wir nun die Menge der Teilchen, die den Weg D nehmen; wir wissen nicht, *welche* Teilchen das sind, aber wir gehen davon aus, dass die Menge *existiert*. Wie verhalten sich die Teilchen aus dieser Menge beim Auftreffen auf den zweiten Strahlteiler? Um die Kohärenz der Beobachtungen zu gewährleisten, *müssen sich die Teilchen hier entsprechend Experiment 1* (aus Kapitel 1) *verhalten*. Mit anderen Worten: Wir nehmen an, die Teilchen erreichen den Strahlteiler auf einem definierten Weg. Folglich sagen wir voraus, dass wir die Hälfte der Teilchen aus dieser Menge an D_1 zählen und die andere Hälfte an D_2. Wir erhalten demnach, *welchen Prozentsatz p wir auch immer ansetzen*, folgendes Resultat: Die Hälfte der Teilchen kommt an D_1 an, die Hälfte an D_2. Fall I kann unter der Hypothese, dass jedes Teilchen *entweder* Weg R *oder* Weg D nimmt, kein anderes Ergebnis liefern. Wir sehen uns gezwungen zu folgern, dass Frage 1 in Fall I *nicht beantwortbar ist*. Zwar können wir uns ein Experiment vorstellen (und es ausführen), für das Frage 1 eine Antwort liefert (das ist gerade Fall II), dann aber verändern wir das Ergebnis unserer Teilchenzählung.

Fassen wir zusammen: Kapitel 1 führte uns zu einem verblüffenden phänomenologischen Schluss – der Tatsache, dass jedes Teilchen offenbar alle zur Verfügung stehenden Wege erkundet, sich bei einer Messung seiner Position stets aber nur auf einem Weg zu erkennen gibt. Einen der hauptsächlichen Gründe für unsere Überraschung haben wir hier hergeleitet: Die physikali-

schen Eigenschaften von Quantensystemen sind, im Gegensatz
zu den physikalischen Eigenschaften von alltäglichen Objekten
wie beispielsweise Autos, nicht gemäß den Regeln der Mengenlehre miteinander verknüpft. Anders gesagt: Fragen zu den
physikalischen Eigenschaften eines Quantensystems dürfen wir
nicht nach Belieben kombinieren.[16]

Unsere erkenntnistheoretische Analyse mündet in wichtige
Streitfragen hinsichtlich der Interpretation. Kapitel 9 wird sie hoffentlich wenigstens ansatzweise klären. Nachdem wir die Phänomene aus Kapitel 1 nun begrifflich zurückverfolgt haben, wollen
wir dies auch faktisch tun – mit einem historischen Überblick.

2.2 Wellen und Teilchen

Die Physiker haben die Quantentheorie nicht in einem Guss, vom
Anfang bis zum Ende, einfach hingeschrieben. In gewisser Weise
wurde sie ihnen gegeben – und jedenfalls kam sie unerwartet.
Sich den Kopf darüber zu zerbrechen, ob es sich dabei um den
gerechten Lohn für Verdienste um die Erkenntnis handelte, um
einen Schubs in die richtige Richtung, mit dem Mutter Natur
verhindern wollte, dass die Menschheit allzu weit von der Realität
der Dinge abdriftet oder um eine Verkettung glücklicher Umstän-
de, will ich anderen überlassen. Der folgende historische Abriss
wird im wahrsten Sinn des Wortes schematisch sein. Ich wähle
diejenigen Meilensteine aus der Geschichte aus, die zum Inhalt
dieses Buchs[17] am besten passen: die Genese des Teilchenbegriffs
und die Entwicklung der experimentellen Interferometrie.

2.2.1 Eine kurze Geschichte des Teilchenbegriffs

Jedes halbwegs informierte Schulkind weiß heute zu sagen, dass
Materie „aus Atomen besteht". Das Wort „Molekül" begegnet uns
in Chemie-, Biologie- und Physikvorlesungen, und Physiker, die
in ihren riesigen Beschleunigerringen schon eine ganze Menage-
rie von Partikeln nachgewiesen haben, versuchen mittlerweile,

Teilchen aus dem Weltraum einzufangen. Die Existenz von „Teilchen" ist fest im kollektiven Bewusstsein verankert.

Noch vor kaum hundert Jahren aber rankte sich eines der tragischsten Kapitel in der Geschichte der Naturwissenschaften um eben jenen Teilchenbegriff. Ludwig Boltzmann, ein Physiker aus Österreich, der Jahre seines Lebens darauf verwendet hatte, Argumente zugunsten des Atomismus zu sammeln, wurde in tiefe Depression und schließlich in den Freitod getrieben durch die Ignoranz der Fachwelt, die nichts von seinen Ideen hielt. Ironischerweise hätte Boltzmann nur drei kurze Jahre länger durchhalten müssen, um die komplette Kehrtwende der offiziellen Naturwissenschaft zu erleben, die endlich den atomaren Aufbau der Materie akzeptierte und damit einem der wichtigsten Gedanken Boltzmanns Folge leistete.

Schon einige Gelehrte im antiken Griechenland waren der Ansicht, die Materie sei nicht „kontinuierlich" (eine Art Gelee in allen Maßstäben), sondern bestehe aus „elementaren Bausteinen", den „Atomen". Damit Sie die verblüffende Seite der Quantenphysik besser verstehen (was das Ziel dieses Buches ist), lohnt es sich, dass Sie einige Absätze lang verfolgen, wieso die Idee des Atomismus im neunzehnten Jahrhundert wieder auflebte.[18]

Im neunzehnten Jahrhundert regierte der positive Optimismus. Die Naturwissenschaftler, insbesondere die Physiker, verzeichneten eine wachsende Zahl von Erfolgen. Stimmen, die das Vertrauen in die Allmacht der Wissenschaft propagierten, mehrten sich: Eines Tages würde die Naturwissenschaft in der Lage sein, jede Frage zu beantworten. Manche Leute schreckten nicht vor der Behauptung zurück, die Lösung aller Probleme der Erkenntnis stehe kurz bevor. Allerdings wäre es ein Fehler, die „Physik" des neunzehnten Jahrhunderts, die Anlass zu solchem Enthusiasmus gab, als monolithisches, kompaktes und nahtlos gefügtes Bauwerk zu betrachten. Im Gegenteil: Die Physik war zersplittert in Disziplinen, die jeweils ihre eigene Geschichte besaßen und nur sehr lose Beziehungen zu den Nachbargebieten pflegten.

Die Königsdisziplin ist ohne Zweifel die *Mechanik*, die Lehre von der Bewegung der Körper. Unzählig sind die exakten

Vorhersagen der Mechanik, ihr mathematisches Gerüst ist leistungsstark und elegant zugleich und sie verdient es, mit dem ehrenvollsten Adjektiv belegt zu werden, das der Geist jener Zeit kannte: Wir sprechen von der *rationalen* Mechanik. Die *Thermodynamik* hingegen war im neunzehnten Jahrhundert noch jung – die Lehre vom Wärme- und Energieaustausch begann sich erst seit der Erfindung der Dampfmaschine rasch zu entwickeln. Weniger solide als das Fundament der Mechanik waren die Grundfesten der *Fluidmechanik*, der Lehre der Strömung von Flüssigkeiten und Gasen: Die Turbulenzen in einem fließenden Gewässer sind wesentlich schwieriger zu beschreiben als die Bewegung der Erde um die Sonne. Abgesehen von den gelegentlich brutalen Näherungen, die man zur Lösung ihrer Gleichungen braucht, sind aber auch die Vorhersagen der Fluidmechanik durchaus brauchbar. Die bedeutendste Neuerung des neunzehnten Jahrhunderts aber ist die detailgenaue Beschreibung von Phänomenen, die der Menschheit teilweise schon seit der Antike vertraut sind: *Elektrizität* und *Magnetismus*. Erst zu Beginn des zwanzigsten Jahrhunderts ist dieses Gebiet der Physik halbwegs abgeschlossen. Es trägt nun den Namen *Elektromagnetismus*. – Sicherlich hat der aufmerksame Leser bemerkt, dass in dieser Aufzählung eine Disziplin fehlt, die genauso alt ist wie die Mechanik: die *Optik*, die Lehre vom Licht. In der Physik des neunzehnten Jahrhunderts nimmt das Licht eine Sonderstellung ein, weshalb ihm der nächste Abschnitt gewidmet sein wird.

Fassen wir zusammen: Mechanik, Thermodynamik, Fluidmechanik, Elektrizität und Magnetismus. Genau diese Themen werden in der Oberstufe und in den ersten Universitätssemestern behandelt. Möglicherweise weiß der Leser aus Erfahrung, dass es so aussehen kann, als hingen die Disziplinen überhaupt nicht miteinander zusammen. Die Hypothese des Atomismus wirkt hier als *Bindeglied*: Die Vision vom atomaren Aufbau der Materie ermöglicht es, alle natürlichen Phänomene (Wärme, Elektrizität, Magnetismus, Turbulenzen) auf die Bewegung von Atomen zurückzuführen. Elektrischen Strom zum Beispiel begreift man als Verschiebung von Teilchen, die eine „elektrische Ladung" tragen, und die Temperatur eines Gases ist mit der mittleren Geschwindigkeit seiner Teilchen verknüpft. Auf Teilchenebene gäbe es dann ausschließlich intrinsische Eigenschaften (Masse, elektrische Ladung) und Bewegung.

Die Atomhypothese erweist sich als fruchtbar und setzt sich, wie schon bemerkt, zu Beginn des zwanzigsten Jahrhunderts auch durch, wenngleich nicht ohne Polemik, Schwierigkeiten und Dramatik. Und hier kommt die große Überraschung: Die Mechanik dieser „Atome", dieser „Teilchen", diese Mechanik, von der man glaubte, dass sie alle Phänomene auf eine einheitliche Basis stellen werde, ist *nicht die gewöhnliche*, seit zweihundert Jahren beherrschte Mechanik! Bewegung und Energie der Teilchen folgen ganz neuen Gesetzen. Einen Einblick in diese unerwarteten Gesetze hat der Leser im vorangegangenen Kapitel bereits erhalten. Es muss aber betont werden, dass der klärende Begriff der Ununterscheidbarkeit, auf den wir unsere Beschreibung gegründet haben, den Physikern durchaus nicht unmittelbar ins Auge sprang. Deshalb nannten sie die neuen Gesetze zu Beginn des zwanzigsten Jahrhunderts nicht etwa *Mechanik der Ununterscheidbarkeit*, sondern *Wellenmechanik* oder *Quantenmechanik*. Diesen beiden Bezeichnungen sind die letzten Abschnitte dieses Kapitels gewidmet.

2.2.2 Eine kurze Geschichte des Interferenzbegriffs

Schauen wir zunächst den ersten der beiden historischen Namen für die Mechanik der Atome genauer an: *Wellenmechanik*. Eine kurze Einführung zum Begriff „Welle" ist an dieser Stelle sicherlich nicht überflüssig. Unter einer Welle versteht man in der Physik (im Gegensatz vielleicht zur allgemeinen Vorstellung) eine eher abstrakte Angelegenheit. Was für Wellen fallen Ihnen spontan ein? Wasserwellen, Schallwellen, Radiowellen, Mikrowellen ... Schallwellen und Radiowellen unterscheiden sich bekanntermaßen grundsätzlich voneinander; könnte das menschliche Ohr Radiowellen hören, dann spielte sich unser tägliches Leben in einer unerträglichen Geräuschkulisse ab. Im Physikunterricht bezeichnen wir sowohl die Schwingung einer Violinensaite als

auch den davon erzeugten Ton als „Welle". Zusammengefasst
beschreiben wir mit dem Begriff der Welle *eine ganze Klasse von
Phänomenen*. Eine Welle ist deshalb etwas noch Abstrakteres als
ein „Teilchen"; unter einem „Teilchen" verstehen wir zumindest
ganz eindeutig ein Objekt.

Mehrere Jahrhunderte lang war die physikalische Forschung
von der Frage geprägt, ob *Licht* als Strom von Teilchen (Korpus-
keln) oder aber als Welle aufzufassen ist. Wir betreten damit das
Teilgebiet der klassischen Physik, das wir im vorangegangenen
Abschnitt vorerst beiseite gelassen haben. Versetzen wir uns
zurück ins siebzehnte oder achtzehnte Jahrhundert, eine Epoche
gewaltiger Diskussionen zwischen den Anhängern der Kor-
puskulartheorie (Newton, in seiner Gefolgschaft die englische
Schule) und den Anhängern der Wellenbeschreibung (einige
Naturwissenschaftler des europäischen Kontinents, angeführt
von dem Niederländer Huygens). Zu Beginn des neunzehnten
Jahrhunderts führte der englische Gelehrte Thomas Young (eben
jener, der auch die ägyptischen Hieroglyphen teilweise entziffern
konnte) ein Schlüsselexperiment aus, dessen Ergebnis den Streit
zwischen Welle- und Teilchenverfechtern sofort entschied – die
Wellenbeschreibung gewann die Oberhand. Wie sah das Experiment aus, das solchermaßen Klarheit schaffen konnte? Welches
physikalische Prinzip brachte Young ins Spiel, um Welle von
Teilchenstrom zu unterscheiden? Dem maßgeblichen Stichwort
ist der Leser in diesem Buch bereits mehrfach begegnet: Youngs
Versuch war ein *Interferenz*-Experiment.

Youngs Interferometer ist in Abbildung 2.3 schematisch dargestellt. Ein Lichtstrahl trifft auf eine undurchlässige Barriere, die
zwei Lücken (Spalte) aufweist. Auf der anderen Seite der Barriere
steht ein Schirm (der moderne Leser denke an eine Photoplatte),
auf dem sich die Intensität des durchgelassenen Lichts abzeich-
net. Prinzipiell funktioniert die Anordnung genauso wie das
in Kapitel 1 vorgestellte Mach-Zehnder-Interferometer – jeder
„Punkt" des Schirms fungiert als Detektor, jeder Punkt ist auf
zwei *voneinander ununterscheidbaren Wegen* erreichbar, und die
Differenz beider Weglängen bestimmt die Lichtintensität, die in

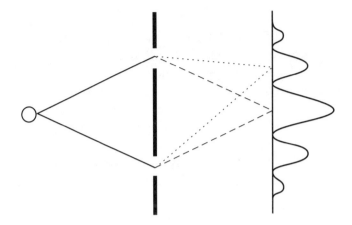

Abb. 2.3: Doppelspalt-Anordnung (Young-Interferometer).

einem gegebenen Punkt ankommt.[19] Hinsichtlich der Weglängendifferenz entspricht das Verhalten beider Anordnungen zueinander folgender Regel: (i) Die Wegunterschiede, für die man im Mach-Zehnder-Interferometer sämtliches Licht am Ausgang *RD oder DR* findet, sind den Spitzen (Punkten auf dem Schirm mit maximaler Intensität) in Youngs Apparat zuzuordnen, und (ii) die Wegunterschiede, für die man im Mach-Zehnder-Interferometer sämtliches Licht im Ausgang *RR oder DD* findet, gehören zu den Tälern (Punkten mit minimaler Intensität).

Interferenz Young'scher Art kann man täglich beobachten. Schauen Sie zum Beispiel durch eine Gardine, deren Fäden einen geeigneten Abstand voneinander haben, ins Licht einer Straßenlaterne, dann sehen Sie ein Muster von Pünktchen. Das sind die Punkte maximaler Intensität. Der Stoff bildet die Spaltanordnung, Ihr Auge ist der Schirm.

Mit dieser Interferenz zweier Wege also geben sich Wellen zu erkennen. Damit verstehen wir, warum die Mechanik der Atome anfänglich *Wellenmechanik* genannt wurde. Behalten Sie dabei im Auge, dass Atome (und Quantenteilchen allgemein) keine Wellen *sind*; wie schon mehrfach betont, teilen sich Partikel am

Strahlteiler nicht in zwei Hälften, Wellen hingegen durchaus.
Wenn man die Dinge so darstellt, wie ich es in Kapitel 1 getan
habe, ausgehend vom Teilchenbegriff, dann liefern die Interferometer in den Abbildungen 1.3 und 1.4 die überraschenden Ergebnisse. Hätte ich die Interferometer an den Anfang gestellt, so
hätte jeder Physiker sofort eine Welle erkannt; das Erstaunliche
wäre in diesem Fall der Nachweis einzelner Teilchen gewesen.
Unter bestimmten Bedingungen verhalten sich Quantenteilchen
teilchenähnlich, unter anderen Bedingungen *wellenähnlich*. Sie
sind aber weder Welle noch Teilchen, wie Sie in Teil 2 dieses
Buches einsehen werden.

2.2.3 Warum Quantenmechanik?

Wir wissen nun ungefähr, wie sich der Teilchenbegriff entwickelt
hat und wie die Interferometrie erfunden wurde. Die Quantenphysik wurde aber nicht entdeckt, weil ein brillanter oder un-
geschickter Physiker, ob durch Inspiration oder Zufall, ein paar
Teilchen in ein Interferometer gesteckt hat. Wie wir noch sehen
werden, ist die Geschichte wesentlich komplexer. Dabei diskutieren wir die Ursprünge des Adjektivs *Quanten-*, mit dem diese
neue Art Physik bezeichnet wird.

Erste Hinweise, vage und zunächst unverständlich, liefer-
ten im Jahr 1900 die Arbeiten von Max Planck zur Strahlung
des Schwarzen Körpers. Ein Schwarzer Körper ist ein ideales
Objekt, das sämtliche auftreffende Strahlung absorbiert und
nichts reflektiert, aber seinerseits als Strahler wirkt; Intensität
und Wellenlängen der ausgesendeten Strahlung hängen von der
Temperatur des Körpers ab. Einige reale physikalische Objekte,
zum Beispiel ein Stück schwarzer Samt, absorbieren Strahlung
aus einem *großen Bereich* ziemlich wirksam und können deshalb in guter Näherung als Schwarze Körper behandelt werden.
Die beste Näherung aber besteht in einem Hohlraum, einer
geschlossenen Kammer, mit einer kleinen Öffnung, durch die
Strahlung ein- und wieder austreten kann. Die herausdringen-
de Strahlung steht durch vielmalige Absorption und Emission

mit den Wänden der Kammer im thermischen Gleichgewicht. Man kann sie messen und mithilfe thermodynamischer Begriffe wie Temperatur, Energie usw. untersuchen. Die theoretische Beschreibung dieser sogenannten Hohlraumstrahlung war das Arbeitsgebiet von Planck zu Beginn des zwanzigsten Jahrhunderts. Das heißt, Planck beschäftigte sich mit Wellen, die sich im Raum ausbreiten (Strahlung); Interferenz wird nicht explizit erwähnt (obwohl sie eigentlich eine Rolle spielt), Teilchen kommen überhaupt nicht vor.

Planck stellte fest, dass er einige Beobachtungen, die sich zuvor jeder theoretischen Beschreibung entzogen hatten, erklären konnte, wenn er eine sonderbare *Hypothese* einführte, die lautet: Die Energie E einer Welle mit gegebener Frequenz ν kann nur bestimmte Werte annehmen, und zwar Vielfache einer minimalen Energie, $E = h\nu$ (h ist eine Konstante). Das Eigenartige dieser Hypothese liegt darin, dass wir nicht gewohnt sind, Energie und Frequenz in einen Zusammenhang zu bringen. Im alltäglichen Leben hat die Helligkeit einer Glühlampe (Energie) nichts damit zu tun, ob das ausgesendete Licht grün, rot oder blau (Frequenz) aussieht.

Die minimale Energie $h\nu$ taufte Planck *Quantenenergie*. Das lateinisch klingende Wort lehnt sich an die Idee einer kleinstmöglichen, also elementaren Einheit (eines Quantums) an. In gewisser Hinsicht legt Plancks Hypothese eine Teilchenbeschreibung des Verhaltens elektromagnetischer Wellen nahe. Diesen Schluss zog explizit Einstein während eines Vortrags zum photoelektrischen Effekt 1909 in Salzburg. Hundert Jahre nachdem Young es verworfen hatte, hielt das „Lichtteilchen" (später *Photon* genannt) wieder Einzug in die Physik.

2.3 Ausblick

Wir haben uns einen Überblick verschafft über die Grundzüge der Einteilchen-Interferenz als physikalisches Phänomen. Dieses Thema wird uns auch in den drei folgenden Kapiteln beschäftigen, bevor wir uns dann der Zweiteilchen-Interferenz zuwenden. Die kommenden Seiten werden uns nicht nur vertrauter mit den Konzepten machen, sondern auch an einige zentrale Fragen rühren: Wenn alle Materie aus Quantenteilchen besteht, warum beobachten wir dann keine Interferenz von Autos, Tennisbällen, Menschen? Warum ist es den Physikern, insbesondere den Begründern der Quantenphysik, nicht gelungen, sich auf eine Erklärung dieser Phänomene zu einigen? Ist Quanteninterferenz aufs Labor beschränkt, oder kann man sie auch nutzen?

Die untergehende Sonne taucht das graue Häusermeer der Altstadt von Fribourg in warme Farben. Hier und dort glänzt eine Fensterscheibe, einen Teil des einfallenden Sonnenlichts zurück in die Augen der Spaziergänger lenkend, mit Klarheit blendend.

·3·

Dimensionen und Grenzen

3.1 Reale Experimente

Experimentalphysiker genießen meiner Meinung nach in unserer Gesellschaft zu wenig Ansehen. Die angewandte, letztlich industrielle Physik wird (zu Recht) gerühmt, denn sie beeinflusst unmittelbar unser tägliches Leben. Was die Geltung der theoretischen Physik angeht: Schreiben Sie doch einfach aus dem Stand die Namen von fünf berühmten Physikern auf einen alten Briefumschlag. Ich sage voraus, Ihnen fallen fünf Theoretiker ein. (Wer zweifelt, prüfe im Internet nach.) Experimentatoren hingegen sind Leute, die in Forschungslabors arbeiten, Theorien nachgehen, von denen man (zu Unrecht) annimmt, dass sie sie nicht verstanden haben, und auf Anwendungen kommen, die nur selten das Interesse der Industrie erregen. Jeder Physiker weiß natürlich, wie es wirklich ist: Ohne den Einfallsreichtum und die harte Arbeit der Experimentatoren gäbe es schlicht überhaupt keine Physik. Ein treffendes Beispiel ist der Laser[20]: Die zugrunde liegenden Formeln schrieb Einstein persönlich im Jahr 1917 auf, die Umsetzung aber verlangte die Arbeit einiger brillanter Experimentalphysiker, die sich gegen die Skepsis vieler Kollegen behaupten mussten und zudem keinerlei mögliche Anwendung im Blick hatten ...[21] In diesem und den nachfolgenden Kapiteln werde ich nicht nur, wie versprochen, einige tiefer gehende Fragen diskutieren, die die Quantenphysik aufwirft, sondern Ihnen auch hoffentlich anschaulich zeigen, wie ein Experiment tatsächlich aussieht, wobei ich die undankbarsten Arbeitsschritte (Material beschaffen, Tage und Nächte mit dem Justieren der Apparatur verbringen, Fehler ausrechnen) sogar beiseite lasse.

Für unseren ersten Besuch in einem Laboratorium reisen wir
von der Sarine an die Donau und tauschen den mittelalterlichen
Charme Fribourgs gegen die königlich-kaiserliche Pracht Wiens.
Wir biegen in eine Seitenstraße mit dem sinnträchtigen Namen
Boltzmanngasse ein, der uns daran erinnert, dass Wien in den
ersten Jahrzehnten des zwanzigsten Jahrhunderts zu den bedeu-
tenden Hauptstädten Europas zählte, naturwissenschaftliche Bedeutung eingeschlossen. Wien, so sagt man, wirkt – heute noch
mehr als zur Zeit der Habsburger – wie eine gigantische Bühnen-
landschaft.[22] Zwar gehört die Boltzmanngasse äußerlich nicht zu
den touristischen Anziehungspunkten, hinter den Kulissen aber
tobt das Leben. Wir werden uns zwei Vorstellungen ansehen.

3.2 Neutroneninterferometrie

3.2.1 Ein Teilchen nach dem anderen

Die in Kapitel 1 beschriebenen Experimente führten uns zu
dem überraschenden, aber unausweichlichen Schluss, dass *jedes*
Quantenteilchen alle ununterscheidbaren Wege erprobt. Wäre das
nicht der Fall, dann könnten wir durch Verlängerung nur eines
Weges nicht sämtliche Teilchen beeinflussen. Wenn wir nun aber
ein wirkliches Experiment ausführen wollen, das diese Überlegung bestätigen soll, müssen wir zunächst absichern, dass sich *in
jedem Moment höchstens ein Teilchen* im Inneren des Interferometers befindet. Könnten sich mehrere Teilchen gleichzeitig dort
aufhalten, wäre nicht auszuschließen, dass die Interferenz ein un-
erwünschter Nebeneffekt von Zusammenstößen der Partikel ist.
　　Diese für die Aussagekraft des Experiments so wesentliche
Forderung – nur jeweils ein Teilchen darf sich in der Versuchsanordnung aufhalten – klingt simpel, ist aber außerordentlich
schwierig in die Praxis umzusetzen. Wie bereits berichtet wurde,
gelang es etwa 1985 erstmals Aspect und seinen Mitarbeitern,
ein einzelnes Photon in einem Interferometer zu beobachten (in
dem von Feynman vorgeschlagenen Experiment). In der Fach-

welt ist allgemein akzeptiert, dass die erste Serie von Versuchen, bei denen in der Tat Einteilchen-Interferenzen nachgewiesen wurden, in der Gruppe um Helmut Rauch ausgeführt wurde. Mit den Experimenten wurde 1974 begonnen, ein dreiviertel Jahrhundert nach Plancks Intuition, rund fünfzig Jahre nach den grundlegenden Arbeiten von Schrödinger, Heisenberg und Jordan zur formalen Basis der neuen Theorie und etwa ebenso viele Jahre nach Germers und Davissons erstem Experiment zur Elektroneninterferenz in den New Yorker Bell Labs. Bis 1974 war die Erklärung der Interferenz durch kollektive Effekte akzeptabel, wenn sie auch nicht der Lehrmeinung entsprach. Nach diesem Zeitpunkt musste sie als widerlegt verworfen werden. Die entscheidenden Experimente wollen wir uns jetzt ansehen.[23]

3.2.2 Quelle und Interferometer

Wie im vorangegangenen Abschnitt erwähnt, experimentierte die Gruppe um Rauch mit *Neutronen*, Bestandteilen des Atomkerns. Werfen wir zunächst einen Blick auf die Geräte, die im Labor stehen. Der sperrigste Kasten ist die Neutronen*quelle*. Neutronen freizusetzen, gibt es nicht allzu viele Möglichkeiten. Man muss dazu den Atomkern bestimmter Elemente in einer *Kernspaltung* genannten Reaktion aufbrechen. Als Neutronenquelle kommt deshalb nur ein *Kernreaktor* infrage, der allerdings nicht besonders leistungsfähig sein muss – es geht uns darum, einzelne Neutronen in ein Interferometer zu schicken, folglich ist es sinnvoll, wenn der Reaktor möglichst wenige Neutronen gleichzeitig freisetzt. Ein solcher kleiner Kernreaktor stand auch im Wiener Labor. 1975 zogen Rauch und seine Gruppe allerdings an einen besser ausgerüsteten Arbeitsplatz im Laue-Langevin-Institut in Grenoble um.

Das *Interferometer* (Abb. 3.1) selbst ist wesentlich kleiner als der Reaktor, seine Abmessungen liegen im Zentimeterbereich. Abgesehen davon aber, dass ein Zentimeter enorm lang ist im Vergleich zu den Dimensionen eines Neutrons (ein Umstand, auf den wir noch zurückkommen werden), ist das kleine schwarze

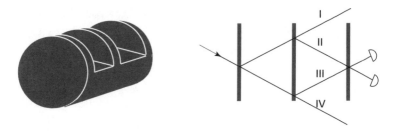

Abb. 3.1: Interferometer vom Mach-Zehnder-Typ für das Experiment von Rauch: Geschnittener Silizium-Einkristall und Schema der möglichen Wege.

Gerät ein technisches Meisterstück: ein *Einkristall*. Lassen Sie uns kurz vom Thema abschweifen, um diesen Begriff zu verstehen und zu begreifen, was das Besondere an einem Einkristall ist.

Ein Festkörper ist eine geordnete Struktur. Diese Ordnung lässt sich in manchen Fällen mit bloßem Auge erkennen; zu den bekannteren Beispielen zählen Quarzprismen mit sechseckigem Querschnitt und die winzigen Würfel von Kochsalz. Jedes Prisma, jedes Würfelchen ist ein Einkristall, das bedeutet, die Atome sind darin in idealer Weise, im immer wiederkehrenden Muster, angeordnet. Große Kristalle bestehen aus mehreren Prismen, die aufgrund von Baufehlern in verschiedene Richtungen „wachsen". Allgemein gesagt ist also ein Einkristall ein ideal (ohne Baufehler) geordneter Teil eines Kristalls und ein Kristall ist ein Gebilde aus Einkristallen, die durch Gebiete mit Baufehlern voneinander abgegrenzt sind. Das Neutroneninterferometer muss aus Gründen, die gleich erklärt werden, aus einem Silizium-Einkristall geschnitten werden. Derart große Silizium-Einkristalle kommen in der Natur aber nicht vor, weshalb man die Kristalle sorgsam mit bestimmten Verfahren im Labor aufwachsen lassen muss. Kristalle zu züchten, ist eine durchaus „technische" Angelegenheit – aber eine notwendige Voraussetzung für unsere mehr in der „Grundlagenforschung" angesiedelten Versuche.

Als Strahlteiler für die Neutronen fungiert ein relativ dünner (0,5 cm) Streifen Silizium. Wie Sie bemerken werden, sind an

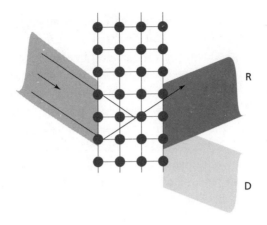

Abb. 3.2: Prinzip der Interferenz an Atomebenen eines Kristalls (Bragg-Reflexion).

die Stelle der beiden undurchlässigen Spiegel aus der Apparatur in Abbildung 1.3 jetzt zwei Strahlteiler getreten – eigentlich nur ein Strahlteiler, der in beiden Wegen liegt. Hinsichtlich des Ausgangs unseres Experiments bedeutet dieser Austausch nur, dass die Hälfte der Teilchen die Apparatur auf den Wegen I und IV verlässt (also nicht interferiert) und die ununterscheidbaren Wege jetzt II und III sind.

Noch immer habe ich nicht erklärt, warum die Atome im Interferometer regelmäßig angeordnet sein müssen, warum also man dafür nur einen Einkristall verwenden kann. Die Begründung liegt im Begriff der Interferenz – allerdings in einem Zusammenhang, den wir bisher noch nicht betrachtet haben. Abbildung 3.2 verdeutlicht Ihnen die Situation. Der Neutronenstrahl (besser gesagt das Gebiet des Raumes, in dem wir von Zeit zu Zeit ein Neutron antreffen) ist nicht unendlich dünn, sondern überstreicht eine gewisse Fläche (in der Abbildung grau schattiert). Es könnten daher Interferenzphänomene auftreten zwischen verschiedenen Wegen innerhalb dieses Strahls, von denen in der Abbildung zwei eingezeichnet wurden: Nach der Reflexion am Strahlteiler vereinigen sie sich und werden ununterscheidbar.

In Anlehnung an unsere bisherigen Kenntnisse über Interferenz (siehe Youngs Versuche an den Spalten) müssen wir folgern, dass es in Abhängigkeit von der Weglängendifferenz zur Auslöschung kommen kann mit dem Ergebnis, dass wir am entsprechenden Ausgang des Geräts überhaupt kein Neutron nachweisen. Den Abstand der Atomebenen voneinander gibt die Natur vor; der Wegunterschied hängt dann, wie Sie in der Skizze sehen, von dem *Winkel* ab, unter dem der Neutronenstrahl auf die Ebenen trifft. Um ein funktionsfähiges Interferometer zu bauen, muss man deshalb an jedem Strahlteiler den Einfallswinkel jedes Teils des Strahls auf die Ebenen des Atomgitters steuern können. Dafür ist es unbedingt notwendig, dass die Atomebenen aller drei Strahlteiler identisch orientiert sind; das erreicht man nur, wenn man das Interferometer aus einem einzigen Einkristall herstellt.

Nachdem wir einen Eindruck von den technischen Schwierigkeiten gewonnen haben, kehren wir zurück zu dem Experiment, das uns eigentlich beschäftigt. Auch in dieser Hinsicht gibt es etwas Neues aus der Physik zu lernen. Wie wir gesehen haben, ist die Geometrie des Interferometers absolut starr: Eine einzelne Atomebene zu bewegen, ist undenkbar! Zwischen den beiden Strahlteilern fliegt das Neutron völlig frei durch die Luft. Aus Kapitel 1 aber wissen wir, dass eine beweiskräftige Beobachtung der Interferenz nur dann gelingt, wenn wir *einen der Wege verändern* (siehe die Anordnung in Abb. 1.4). Wie sollen wir das hier fertig bringen? Bevor Sie weiterlesen, sollten Sie sich ein bisschen Zeit nehmen und versuchen, die Frage selbst zu beantworten. Physiker haben in ihrer Ausbildung genug gelernt, um die Antwort zu finden – für alle anderen ist es zwar ein bisschen schwieriger, aber keineswegs unmöglich.

3.2.3 Wegunterschiede

Anhand der Anordnung von Rauch perfektionieren wir unser Verständnis der Interferenz. Wie bereits gesagt, sprechen wir von Interferenz, wenn das Beobachtungsergebnis von der Differenz zwischen ununterscheidbaren Wegen abhängt. In den einfüh-

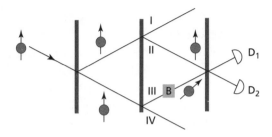

Abb. 3.3: Interferometer von Rauch. Das Magnetfeld *B* verändert die Richtung der Spins auf Weg III.

renden Kapiteln handelte es sich dabei um eine *Differenz der Weglängen* – ein Weg ist länger als der andere. Eine solche Weglängendifferenz spielt auch die entscheidende Rolle in Youngs Doppelspaltanordnung. Hinsichtlich unseres Problems mit der Neutroneninterferometrie liegt der Schlüssel zum Erfolg darin, dass sich zwei Wege nicht nur durch ihre Länge unterscheiden können. Gefordert ist lediglich, dass die *Wege aus der Sicht der Teilchen verschieden* sind. Das ist die Antwort auf die oben gestellte Frage. (Sie war nicht allzu schwer zu finden, oder?) Schauen wir jetzt, wie Rauchs Gruppe den Wegunterschied zustande brachte.

Wir müssen dazu eine weitere Eigenschaft der Neutronen zur Kenntnis nehmen: ihren *Spin*. Ein „Spin" ist neben dem Ort und dem Bewegungszustand des Teilchens eine weitere, mit einer Raumrichtung verbundene Eigenschaft. Schematisch sehen Sie dies in Abbildung 3.3: Das Neutron wird hier durch eine kleine Kugel dargestellt, in der ein Pfeil steckt. Der Pfeil steht für den Spin, die Information über eine Raumrichtung, die das Neutron trägt. Natürlich ist ein Pfeil ebenso wenig eine adäquate Abbildung des Spins, wie eine Kugel eine adäquate Abbildung eines Neutrons ist (immerhin wissen wir schon, dass diese „Kugel" in der Lage ist, mehrere Wege gleichzeitig zu erkunden). Wir machen uns nun zunutze, dass zwei „Pfeile" (*Richtungen des Spins*) nur dann mit Sicherheit unterschieden werden können, *wenn sie einander entgegengesetzt sind*. Sie besitzen also eine Eigenschaft, die man bei gewöhnlichen Wegweisern im Straßenverkehr nicht findet (zum Glück übrigens). Physiker können selten sagen, was die Dinge *sind* – viel leichter fällt es ihnen, wenigstens zu erklären (mithilfe eines Pfeils zum Beispiel), wie die Dinge *funktionieren*.

Um einen Unterschied zwischen den Wegen II und III zu erzeugen, *drehten* die Physiker aus Rauchs Gruppe den *Spin* auf Weg III. In der Praxis macht man das durch Einschalten eines Magnetfelds B. Nach der Drehung unterscheiden sich die Richtungen der Pfeile auf den Wegen II und III, das bedeutet, aus der Sicht der Teilchen sind die Wege nicht mehr identisch.

Physiker möchten diesen Unterschied nun gern quantifizieren. In Kapitel 1 fanden wir intuitiv die Möglichkeit, die Differenz der Längen als Maß für die Unterschiedlichkeit der Wege heranzuziehen. In diesem Fall überlegen wir analog, die Wegdifferenz zur Differenz der Winkel zwischen den Pfeilen in Beziehung zu setzen. Der Vorschlag ist nicht schlecht; in der Praxis erweist sich dann aber, dass die *Hälfte dieses Winkels* das geeignete Maß ist. Das klingt seltsam, wird aber von der Quantentheorie vorhergesagt und wir können es durchaus verstehen, wenn wir unsere Kenntnisse aus Kapitel 1 anwenden:

- Solange wir Weg III nicht ändern, sind die beiden Wege identisch und wir messen alle Teilchen an D_2.
- Nehmen wir nun an, wir drehen den Pfeil auf Weg III um 180°. Der Unterschied zwischen den beiden Winkeln ist folglich maximal, die Pfeile sind einander entgegengesetzt ausgerichtet. Wir haben aber gesagt, dass die Wege in diesem (und nur in diesem) Fall unterscheidbar werden: Misst man den Spin, so weiß man mit Sicherheit, auf welchem Weg das Teilchen angekommen ist. Das bedeutet, die Teilchen verhalten sich jetzt klassisch und wir messen sie je zur Hälfte an D_1 und D_2.
- Verdoppeln wir nun die Differenz der Winkel, dann gelangen wir zu einer Situation, in der alle Teilchen an D_1 gemessen werden; das ist das Gegenteil von unserer Ausgangslage. Diese Situation wird also erreicht, wenn sich die Pfeile um 360°, *einmal komplett*, gedreht haben! Um zurück zur Ausgangslage (alle Teilchen an D_1) zu kommen, sind zwei vollständige Drehungen notwendig.

Dieses Verhalten hat die Physiker überrascht. Sie nannten das Phänomen *4π-Spinorsymmetrie*. (In der Wissenschaft steht 4π für „zwei Umdrehungen", denn eine Umdrehung entspricht 360° oder 2π Radiant.[24]) Um dieses Verhalten vorherzusagen, haben wir lediglich unsere allgemeinen Kenntnisse über Interferometrie und die Bedingung für die Unterscheidbarkeit der „Pfeile" herangezogen.

3.2.4 Die Größe von Rauchs Interferometer

Rauchs Experimente haben gezeigt, dass die Gesetze der Quantenphysik auf Experimente mit einzelnen Systemen angewendet werden können.[25] Bevor ich mich einem anderen Problem zuwende, möchte ich (wie versprochen) etwas näher auf die Frage der Dimension eingehen: In Anbetracht dessen, dass ein Teilchen mehrere Wege gleichzeitig erkundet, ist es berechtigt, über das Verhältnis der Größe von Apparatur und Partikel nachzudenken. Die Frage ist nicht besonders gut gestellt; prinzipiell ist die absolute Länge der Wege im Interferometer natürlich gleichgültig, es kommt nur auf den Wegunterschied an. Die Zahlen zu Rauchs Anordnung sind trotzdem so beeindruckend, dass ich sie Ihnen nicht vorenthalten möchte.

Die Abmessungen eines Neutrons in einem Atomkern liegen in der Größenordnung von 10^{-15} Metern, einer Länge, die wir mit unseren Sinnen nicht mehr wahrnehmen können. Das Neutron ist zehn- bis hunderttausendmal kleiner als ein Atom, wobei Atome bereits in milliardstel Metern (millionstel Millimetern) gemessen werden. Unter den günstigsten Bedingungen kann das menschliche Auge zwei Punkte getrennt wahrnehmen, die ein zehntel Millimeter (10^{-4} m) voneinander entfernt sind. Mit sichtbarem Licht (also mit optischen Mikroskopen) lassen sich nur Entfernungen bis zur Größenordnung eines tausendstel Millimeters (10^{-6} m) darstellen. Der Abstand zwischen den beiden Wegen im Interferometer beträgt rund 2 cm, das Magnetfeld in Weg III wirkt auf einer Fläche von ungefähr 2×2 mm². Wir können also davon ausgehen, dass der Einfluss des Feldes auf Weg II vernachlässigt werden darf (wie es auch beabsichtigt ist). Der Abstand zwischen je zwei von der Quelle emittierten Neutronen liegt bei 300 m; da das Interferometer selbst nicht einmal 10 cm lang ist, dürfen wir annehmen, dass sich niemals mehr als ein Neutron zur Zeit in der Anordnung aufhält.

Die Zahlen bedeuten Folgendes: Hätte das Neutron die Größe einer Münze, dann wäre der Abstand zwischen den beiden Wegen im Interferometer vergleichbar mit der Entfernung zwischen Erde und Sonne. Läge die Mitte des Magnetfelds, das die Spins auf Weg III drehen soll, im Mittelpunkt der Sonne, so wäre die Wirkung des Felds schon in Höhe der Merkurbahn nahezu vernachlässigbar gering. Allen diesen Proportionen zum Trotz können wir das Verhalten sämtlicher Neutronen beeinflussen, wenn wir nur einen Weg verändern! Offensichtlich ist das Verhalten von Quantenteilchen nicht mit dem von Münzen, Autos ... oder Fußbällen zu vergleichen – auch dann nicht, wenn die Partikel wie Fußbälle aussehen. Mehr dazu im folgenden Abschnitt.

3.3 Interferenz von großen Molekülen

3.3.1 Ein Student von Rauch

Überfliegen wir die Liste von Rauchs Mitarbeitern zwanzig Jahre nach diesem Experiment, springt uns ein Name ins Auge: Anton Zeilinger. Zeilinger baute in der zweiten Hälfte der 1980er Jahre eine Quantenoptik-Gruppe in Innsbruck auf, der einige bemerkenswerte Experimente zuzuschreiben sind. Später in diesem Buch werden wir darauf zurückkommen. 1998 erhielt Zeilinger einen Ruf nach Wien und zog mit allen seinen Mitarbeitern aus den Alpen in die Hauptstadt um. Kurz zuvor hatte er einen jungen Mann eingestellt, Markus Arndt, dem er vorschlug, sich auf ein neues Projekt zu konzentrieren: die experimentelle Beobachtung der Quanteninterferenz *großer Moleküle*.

3.3.2 An die Grenzen gehen

Bis jetzt wissen wir, dass an Quantenteilchen (Atomen, Elektronen, Neutronen usw.) Interferenzeffekte beobachtet werden, während alltägliche Objekte (Autos, Münzen usw.) solche Effekte nicht zeigen. In Kapitel 2 haben wir gesehen, dass dieser Unterschied eng mit unserer Gewohnheit zusammenhängt, Eigenschaften in Form von Mengen zu beschreiben, was für Quantenteilchen nicht funktioniert. Seit der Frühzeit der Quantenphysik wird diskutiert, wo die Grenze zwischen der „klassischen" (alltäglichen) und der „Quanten"welt liegt. Man kann zum Beispiel folgende Fragen stellen: Wenn wir tatsächlich davon ausgehen, dass die ganze Welt aus Quantensystemen besteht, wie können daraus klassische Objekte in großem Maßstab entstehen? Können wir Menschen, die wir seit Adam und Eva mit der klassischen Welt vertraut sind, das Verhalten von Quantensystemen überhaupt jemals begreifen? Die Fragen sind noch nicht beantwortet. Ich widme mich der ersten von beiden.

Viele Physiker sagen, der Übergang von der Quanten- zur klassischen Welt müsse ein *faktischer*, kein wesenhafter sein. Kein Gesetz der Physik verhindert, dass Autos miteinander zur Interferenz kommen – nur kann man dieses Phänomen in der Praxis nur unter größten Schwierigkeiten zeigen. Mit anderen Worten: Dieser Sichtweise zufolge gibt es überhaupt keine eindeutige Grenze zwischen klassischer Welt und Quantenwelt, alles hat im Grunde Quanteneigenschaften und das einzige Problem besteht darin, dies für alltägliche Gegenstände nachzuweisen. Einerseits verletzt diese Ansicht kein bekanntes physikalisches Gesetz oder Prinzip, weshalb sie nicht bestritten werden kann; andererseits halten manche Physiker (ich zum Beispiel) die Extrapolation doch für etwas dramatisch.[26]

Zweifellos geht es hier um eine der grundlegenden offenen Fragen der Quantenphysik. Ströme von Tinte sind geflossen, um rein konzeptuelle Antworten darauf zu geben. Freuen wir uns deshalb, dass es Experimente gibt, die wenigstens Ansätze von Antworten zulassen (so unvollständig sie auch sein mögen). Eine der neuesten experimentellen Arbeiten zu diesem Thema möchte ich Ihnen am Ende dieses Kapitels vorstellen.[27]

3.3.3 Das Wiener Experiment

Einen wichtigen Schritt in der experimentellen Erforschung der Grenze zwischen klassischer und Quantenwelt gingen Zeilinger und Arndt: Sie wiesen Interferenzeffekte an bestimmten *großen Molekülen* nach (Abb. 3.4). Die fraglichen, seit 1985 bekannten Moleküle mit der Formel C_{60} bestehen aus 60 Kohlenstoffatomen, symmetrisch angeordnet in Form eines *Fußballs* – genauer gesagt, eines traditionellen, aus Fünf- und Sechsecken zusammengenähten Lederballs. Ein solcher Ball hat exakt 60 Ecken (60 Punkte, in denen sich je drei Nähte treffen). Die Kohlenstoffatome von C_{60} sitzen auf den Ecken des Balls.

Ein derart ästhetisches Molekül verdient einen schöneren als den systematischen Namen. Die Wissenschaftler erinnerten sich an die Arbeit von Richard Buckminster Fuller, einem amerikanischen Architekten, der unzählige Glaskuppeln entwarf und baute, deren Symmetrie der eben erklärten gleicht.[28] Zu Ehren von Buckminster Fuller nennt man das C_{60}-Molekül heute nicht etwa *Fußballen*, sondern *Fulleren* (und manchmal auch *Buckyball*).

Hinsichtlich seiner Größe liegt das Fulleren ganz eindeutig näher am Atom als am Auto oder auch Fußball. Wir sind deshalb nicht unbedingt überrascht, hier Quanteneffekte zu

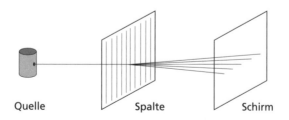

Abb. 3.4: Schema der Versuchsanordnung, mit der die Young-Interferenz von C_{60}-Molekülen gezeigt wurde.

beobachten. Das Kriterium für Quantenverhalten ist gleichwohl nicht etwa die geringe Größe eines physikalischen Objekts, sondern die Möglichkeit, eine Situation der Ununterscheidbarkeit herbeizuführen. Aus diesem Blickwinkel verstehen wir besser, wie bedeutend die Entdeckung der Interferenz großer Moleküle ist: Je größer das Objekt, desto größer ist auch die Chance, dass eines seiner Bestandteile mit der Umwelt in Wechselwirkung tritt; findet aber auf einem der möglichen Wege eine unkontrollierte Wechselwirkung statt, geht die Interferenz sofort verloren. Ein Molekül mit 60 Kohlenstoffatomen enthält immerhin 60 Kohlenstoffkerne, also je 360 Protonen und Neutronen, und 360 Elektronen. Das sind insgesamt 1080 „Elementar"teilchen (wobei unbeachtet bleibt, dass Protonen und Neutronen ihrerseits aus je drei Quarks bestehen, weil dieser Fakt eine separate Diskussion verdient).

Die experimentelle Beobachtung der Interferenz von Fullerenmolekülen[29] sollte nicht einfach als weiterer Nachweis der Quanteneigenschaften der Materie betrachtet werden, sondern als wirkliche *Entdeckung*[30]: Fullerene sind zwar noch lange keine Autos, aber immerhin große Objekte, Systeme aus vielen Quantenteilchen. Man konnte keineswegs *a priori* annehmen, dass solche Systeme kollektives Quantenverhalten zeigen.[31] Der Weg ist nun frei für die Untersuchung größerer Systeme wie Insulin und andere „biologische" Moleküle; schon hat der Wettlauf begonnen.

3.3.4 Quantenfußball

Auf ihrer Internetseite stellt die Zeilinger-Gruppe ihr C_{60}-Projekt mit einer Animation vor. Ein Fußballer tritt das Leder, das zum Erstaunen des (wie ein Physiker gekleideten) Torwarts gleichzeitig links und rechts an diesem vorbei in die Maschen fliegt. Natürlich denkt niemand, es gehe hier um den Fußball der Zukunft – die Maradonas (oder Herzogs, um den Lokalmatadoren die Ehre zu erweisen) der kommenden Jahre werden sich damit begnügen müssen, eine „Mauer" entweder links oder rechts zu umspielen. Die Animation ist paradox gemeint; in der Tat illustriert sie den Unterschied zwischen alltäglichen Objekten und Quantensystemen sehr anschaulich. Sie lädt geradezu ein, die Frage nach der Grenze zu stellen: Gibt es überhaupt eine, und wenn ja, wo liegt sie? Die Frage ist und bleibt vage. Nach einem Jahrhundert Quantenphysik sind wir aber in der Lage, Experimente auszuführen, die wenigstens einen blassen Widerschein einer Antwort aufleuchten lassen.

·4·
Auflehnung gegen die Autorität

4.1 Der Heisenberg-Mechanismus

4.1.1 Konstanz 1998

Wir Physiker machen, wie jeder andere Mensch auch, in unserer Arbeit Phasen der Erschöpfung und Begeisterung, der Besorgnis und der Erleichterung durch. Erschöpft sind wir, wenn etwas einfach nicht funktionieren will – ein Gerät streikt, oder die letzte Zeile des Theorems widersetzt sich jeder Bemühung eines Beweises. Begeistert sind wir, wenn wir einen Fehler endlich gefunden oder ein Hindernis aus dem Weg geräumt haben. Die Phase ängstlicher Besorgnis beginnt meist dann, wenn wir der Fachwelt neue Ergebnisse vorstellen müssen, in einem Zeitschriftenartikel etwa oder bei einer Konferenz: Dies ist der Augenblick der Wahrheit; und er endet nicht selten mit Tiefschlägen, wirklichen oder eingebildeten.

Gerhard Rempe und seinen Kollegen von der Universität Konstanz war ein gewisses Maß an Unsicherheit zuzugestehen, als sie im März 1998 auf die Gutachten für einen neuen Artikel warteten, routinemäßig vor der Veröffentlichung eingeholt vom prestigeträchtigen Fachblatt *Nature*. Rempes Gruppe ist von der Qualität ihrer Arbeit überzeugt, aber den Physikern ist durchaus bewusst, dass sie damit die Erklärung des gefeierten Heisenberg'schen „Unbestimmtheitsprinzips" – vorgeschlagen von Werner Heisenberg höchstpersönlich[32], außerdem (in Varianten) von Einstein und vielen anderen – in Frage stellen. Um zu erklären, was Rempe zeigen wollte, werden wir in diesem Kapitel den „Heisenberg-Mechanismus" besprechen.

4.1.2 Ein Mechanismus hinter all den Prinzipien?

Wir haben gesehen, dass die Interferenzeffekte verschwinden, sobald wir den Weg des Teilchens (beim Young'schen Experiment den Spalt, durch den es gekommen ist) bestimmen. Dies ist konsistent mit dem Prinzip der Ununterscheidbarkeit: Sobald wir eine Messung vornehmen, schließen wir alle Möglichkeiten bis auf eine aus und das Teilchen verhält sich klassisch. Wir haben also eine *Beschreibung* der Situation, die zur Vorhersage des richtigen Ergebnisses führt. Könnten wir aber nicht auch eine *Erklärung* finden – oder, präziser, könnten wir das Phänomen außer durch ein Prinzip auch durch einen *Mechanismus* beschreiben?

Ein Erklärungsversuch ist das in Abbildung 4.1 illustrierte Argument von Heisenberg. Um die Position von Teilchen A nach dem Durchgang durch die Spalte zu bestimmen, müssen wir die Wechselwirkung von A mit (mindestens) einem Teilchen B zulassen, das wir nach dem Zusammenstoß nachweisen. Bei einem solchen Stoß wird jedoch die Bahnkurve *beider Stoßpartner* beeinflusst (denken Sie etwa an zwei Billardkugeln). In gleicher Weise beeinflusst der Zusammenstoß mit Teilchen B, der Sonde, die Bahn von Teilchen A. Da wir die Kollision nicht im Einzelnen steuern können, wird A in einer nicht vorhersagbaren Richtung abgelenkt und die Interferenz verschwindet. Das heißt, eigentlich verschwindet sie gar nicht – oder? Könnten wir den Stoß steuern und nur die Teilchen auswählen, für die der Stoß nach einem präzisen Muster erfolgt, dann wäre die Interferenz, Heisenberg zufolge jedenfalls, wieder sichtbar. Weil wir die Ereignisse aber nicht in dieser Weise sortieren können, erhalten wir als Ergebnis nur eine Überlagerung verschiedener, gegeneinander verschobener Interferenzmuster, also eine glatte Kurve.

Die Genialität dieser Idee lässt sich nicht bestreiten. Dass die Einführung eines vom Zufall abhängigen Faktors (hier eines unkontrollierbaren Stoßprozesses) die Interferenzeffekte auslöscht, ist korrekt. Bei ihrem ersten C_{60}-Experiment erhielt Zeilingers Gruppe kein besonders schönes Interferenzmuster, weil die Moleküle nicht nach ihrer Geschwindigkeit selektiert worden waren;

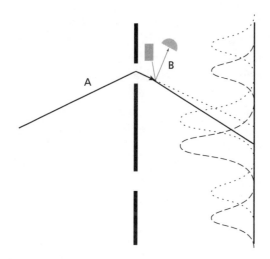

Abb. 4.1: Heisenberg-Mechanismus für das Interferometer von Young. Das Sondenteilchen (B) soll viel leichter sein als das zu messende Teilchen (A).

die Geschwindigkeit gehört aber zu den Parametern, die die Position der Maxima der Interferenzstreifen bestimmen. Nachdem die Geschwindigkeit durch einen Filter eingegrenzt worden war, schärfte sich auch das Muster – die Maxima waren besser aufgelöst. Die Frage ist demzufolge nicht, ob eine unkontrollierte Verteilung die Interferenz verschwinden lässt (die Antwort lautet ja), sondern ob das Verschwinden der Interferenz *generell* auf einen derartigen, nicht steuerbaren Mechanismus zurückzuführen ist.

Unseren bisherigen Kenntnissen nach ist Argwohn hier durchaus legitim. Heisenbergs Argumentation geht davon aus, dass sich Teilchen A auf einer definierten Bahn bewegt, die nur durch eine Messung erkennbar ist und die durch eben diese Messung modifiziert wird. Wir haben bereits festgestellt, dass die Existenz einer definierten Bahn keineswegs offensichtlich ist, denn in der Anordnung aus Abbildung 1.4 haben wir das Verhalten aller Teilchen beeinflusst, obwohl wir nur einen Weg verlängert haben; Kapitel 2 führte uns zu dem Schluss, dass die Frage nach dem Weg in einem Interferometer überhaupt nicht beantwortet werden kann.

Wir behalten dies im Hinterkopf, wollen Heisenbergs Argumente aber trotzdem genauer unter die Lupe nehmen. Inwiefern weicht die Erklärung von dem bereits besprochenen *Prinzip der Ununterscheidbarkeit* ab? Diesem Prinzip zufolge verschwindet die Interferenz, sobald die beiden Wege unterscheidbar werden, gleichgültig aus welchem Grund. Heisenberg schlägt einen *sehr präzisen Grund* vor, nämlich die Ungenauigkeit unserer Messung, die verhindert, dass wir alle signifikanten Parameter unter Kontrolle haben. Anders gesagt: Könnten wir nur genau genug messen, ginge die Interferenz nicht verloren. Leider, argumentiert Heisenberg weiter, können wir das nicht. Da liegt die Herausforderung: Werden wir eines Tages genau genug messen können, oder ist die Natur (von der wir, wie wir nicht vergessen wollen, ein Teil sind ebenso wie alle unsere Messgeräte) so eingerichtet, dass sich diese Frage niemals wird beantworten lassen?

4.2 Heisenbergs Mechanismus im Labor

Um den Heisenberg-Mechanismus einer experimentellen Überprüfung zu unterziehen, müssen wir zunächst zeigen, dass es gelingt, zwei Wege unterscheidbar werden zu lassen, ohne dafür die Bahnkurve des Teilchens (seinen Ort als Funktion der Zeit) in signifikanter Weise zu ändern. Sobald diese Bedingung erfüllt ist, können wir uns zurücklehnen und auf den Bildschirm oder anderweitige Nachweisgeräte blicken. Bleibt die Interferenz bestehen, hatte Heisenberg Recht, verschwindet sie, so irrte er.

Die Idee scheint einfach und klar umrissen zu sein; der Fallstrick aber ist in den Worten „in signifikanter Weise" verborgen. In dem Augenblick, in dem wir das Teilchen messen, ist eine Wechselwirkung und damit eine Ablenkung von der Bahnkurve unvermeidlich. Die Physiker in Konstanz hatten also folgende Aufgabe: Die Unterscheidbarkeit der Wege musste so eingeführt werden, dass die nicht zu umgehende Modifikation der Bahn zu klein ist, um damit das vollständige Verschwinden der Interferenz erklären zu können.

4.2.1 Atominterferometrie

Das in Konstanz stehende Gerät ist ein Mach-Zehnder-Interferometer, ähnlich der Apparatur von Rauch. Gearbeitet wird mit Atomen, genauer gesagt mit Rubidium-Atomen. Atome sind Quantenobjekte, bestehend aus einem *Kern* (schwer, positiv geladen) und *Elektronen* (viel leichter, negativ geladen). Jeder weiß das dank dem bekannten Atomsymbol, das aussieht wie ein Miniatur-Sonnensystem mit Elektronen-Planeten, die um die Kern-Sonne kreisen. Natürlich gilt hier dasselbe wie für den Pfeil als bildliche Darstellung des Spins: Das Symbol ist nur ein schwaches Sinnbild für ein wirkliches Atom, aber es ist einprägsam und deshalb nützlich.

Diese Struktur des Atoms hat in unserem Zusammenhang wichtige Folgen: Erstens wird die Bahnkurve eines Atoms im Wesentlichen von der Bewegung des Kerns bestimmt. (Um bei unserer Planeten-Analogie zu bleiben: Die Bahn des gigantischen Jupiter um die Sonne wird von den Jupitermonden offensichtlich nur geringfügig beeinflusst.) Wir können deshalb einen Strahlteiler für unser Experiment entwerfen, der auf Atomkerne wirkt; die Elektronen werden ihrer Bewegung folgen. Zweitens ist der physikalische Zustand eines Elektrons relativ leicht zu beeinflussen, insbesondere wenn es sich um ein weit vom Kern entferntes Elektron (ein „Außenelektron") handelt. Das ist der Schlüssel zur Lösung unseres Problems: Wir können zwei Wege unterscheidbar werden lassen, ohne die Bewegung des Kerns anzutasten, wenn wir entlang eines Weges den Zustand (genauer gesagt die Energie) eines Elektrons verändern.

Das Ergebnis des Experiments ist in Abbildung 4.2 schematisch angedeutet. Das linke Bild zeigt den Anfangszustand der Anordnung mit der Zahl der Teilchen, die an jedem der Ausgänge ermittelt wurde. Charakteristisch für das Interferenzmuster ist die Komplementarität der Intensitäten auf beiden Seiten: Ein Maximum links entspricht einem Minimum rechts und umgekehrt. Im Bild rechts sehen Sie die modifizierte Anordnung. Auf einem der beiden Wege wurde die Energie eines Außenelektrons

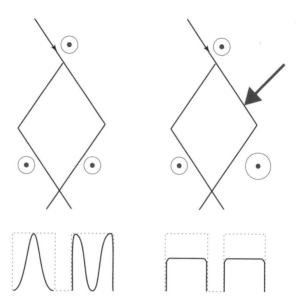

Abb. 4.2: Schema des Experiments von Konstanz. Die Unterscheidbarkeit wird durch Modifikation der Eigenschaften der Elektronen auf einem der beiden Wege eingeführt.

verändert. Eine Messung der Energie des Elektrons verrät uns nun, auf welchem Weg das Atom eingetroffen ist. Dazu müssen wir in unseren Apparat kein Instrument einbauen, das diese Energie tatsächlich misst – wichtig ist lediglich, dass wir für eine Unterscheidbarkeit der beiden Wege gesorgt haben. Die im Atom enthaltene Information genügt uns, um die beiden Wege *im Prinzip* unterscheiden zu können. Wie wir in der Abbildung sehen, *tritt keine Interferenz auf.* Der von Heisenberg vorgeschlagene Mechanismus erklärt das Verschwinden der Interferenz demnach nicht vollständig. Im Moment zumindest müssen wir uns mit dem Prinzip der Ununterscheidbarkeit zufrieden geben.

4.2.2 Die Bedeutung des Konstanzer Experiments

Das Experiment von Konstanz ist eine wunderbare Leistung. Dabei haben wir die technischen Einzelheiten der Atominterferometrie hier noch gar nicht in der Ausführlichkeit besprochen, wie wir es in Kapitel 3 für die Neutroneninterferometrie getan haben. Halten wir einfach fest, dass die apparativen Anforderungen hier ebenso streng, wenn nicht noch strenger sind. Aus konzeptueller Sicht ist das Experiment meiner Meinung nach vor allem didaktisch von Bedeutung. Erinnern Sie sich noch einmal an die Diskussion zwischen Feynman und Aspect: Feynman schlug ein Experiment vor – nicht, um etwas Neues zu beweisen, sondern um etwas *direkt* zu zeigen, das auf der Grundlage indirekter Argumente schon lange vermutet wurde. Unsere Situation hier ist ganz ähnlich: Schon zu Beginn dieses Kapitels ahnten wir (ausgehend von unseren quantentheoretischen Kenntnissen), dass Heisenbergs Mechanismus versagen muss. Trotzdem ist es gut, wenn wir uns auf direkte Weise davon überzeugen können.

Noch gewichtiger wird dieses Argument aus historischen Gründen. Der Reiz von Heisenbergs Mechanismus liegt eben darin, dass es sich um einen Mechanismus handelt. Von den ersten Tagen der Quantenmechanik an veranschaulichten viele Leute mit seiner Hilfe die Vorgänge in der Quantenwelt; in den meisten Vorlesungen über Quantenphysik wird er dargelegt.[33] Ungeachtet manch warnender Worte, die in den meisten guten Lehrbüchern zu finden sind, haben viele Physiker den begrenzten Wert des Heisenberg-Mechanismus nicht erkannt. Das Ziel, dieses Missverständnis aufzulösen, rechtfertigt die Konstanzer Versuche voll und ganz.

4.3 Komplementarität und Unbestimmtheit

Wir alle sind ein bisschen enttäuscht vom Scheitern des Heisenberg-Mechanismus. Er vermittelte uns ein Gefühl des Verstehens, des Durchschauens der Vorgänge. Hätte er sich als richtig erwiesen, so hätte er die Möglichkeit einer Erklärung geboten, die gut zu unseren Vorstellungen passt und in der Umgangssprache ausgedrückt werden kann. Ich möchte dieses Kapitel mit einer kurzen Bemerkung zu diesen Sprachschwierigkeiten schließen.

Seit der Morgendämmerung der Quantenphysik tragen die Physiker an der Last von Worten, die die Konzepte der neuen Wissenschaft vermitteln sollen. Teil dieser Last sind die Begriffe „Komplementarität" und „Unbestimmtheit", deren Fortbestand in der Welt der Physik nicht gesichert ist.

Den Begriff *Komplementarität* prägte Niels Bohr. Er gehört zu einem Konzept, das eng mit dem bereits behandelten Prinzip der Ununterscheidbarkeit verbunden ist. Damit Sie verstehen was gemeint ist, gehen wir zurück zu Abbildung 1.3. Wir hielten dort fest: Wenn wir nicht wissen, welchen Weg durch das Interferometer die Teilchen nehmen (zwei ununterscheidbare Wege), dann finden wir alle Teilchen an einem bestimmten Ausgang (Interferenz); messen wir den Weg der Teilchen (Unterscheidbarkeit), dann sind sie zufällig auf die Ausgänge verteilt. Bohr würde *Weg* und *Ausgang* als zwei Seiten einer *komplementären Information* bezeichnen: Wir können nicht erreichen, dass alle Teilchen denselben Weg nehmen *und* am selben Ausgang ankommen. Mit dem Risiko, etwas Grundlegendes zu übersehen, wollen wir uns merken, dass das Komplementaritätsprinzip dasselbe aussagt wie das Prinzip der Ununterscheidbarkeit, nur aus einem anderen Blickwinkel. Die Zukunft wird erweisen, ob eines der Konzepte zugunsten des anderen verworfen werden muss, ob beide gleichberechtigt bestehen können oder aber durch neue, präzisere Begriffe ersetzt werden müssen.

Der Begriff *Unbestimmtheit* hat nichts mit Unsicherheit oder Ungenauigkeit zu tun, obwohl das synonym benutzte Wort *Unschärfe* das nahelegen könnte. Lesen wir etwa an einem Lineal mit Millimeterteilung eine Länge ab, dann liegt die Messungenauigkeit im Bereich von plus oder minus einem Millimeter. Anders ausgedrückt: Mit einem solchen Lineal lassen sich nur Längen unterscheiden, die um mehr als einen Millimeter voneinander abweichen. Der Heisenberg-Mechanismus ist ein

Versuch, diese Art des Messfehlers auf die Quantenphysik zu übertragen: Die speziellen Phänomene der Quantenwelt werden auf (notwendige oder zufällige) technische Grenzen der Messgeräte zurückgeführt. Die Experimente von Konstanz lehren uns, dass es in der Quantenphysik nicht um Ungenauigkeiten dieser Art geht, sondern um *Unbestimmtheit*: Wir können, so genau unsere Messungen auch sein mögen, zwei im Bohr'schen Sinne komplementäre Informationen niemals gleichzeitig erhalten. In der bisherigen Diskussion sind wir stets von ideal arbeitenden Detektoren ausgegangen; nicht ideale Detektoren könnten so viele Zählfehler verursachen, dass wir die Quanteninterferenz vielleicht gar nicht bemerken würden. Zusammengefasst: In diesem Kontext sprechen wir bewusst von Unbestimmtheit, die wir sorgfältig von Unschärfe im Sinne einer Messungenauigkeit unterscheiden.

Komplementarität, Ununterscheidbarkeit, Unschärfe, Unbestimmtheit ... Gelegentlich betätigt sich der Physiker als Wortschöpfer, als Dichter, der einen guten sinnbildlichen Ausdruck sucht. Vorläufig haben Rempe und seine Mitarbeiter andere Sorgen. Die Kontroverse in der Zeitschrift *Nature* führte zu manchem Artikel und etlichen experimentellen Arbeiten, aber das letzte Wort wird Rempes Gruppe haben. Nur kennt sie es noch nicht. Was bleibt, ist die Erinnerung an konstruktive Diskussionen, aber auch an die Reaktion mancher Kollegen, die es einfach skandalös fanden, den Heisenberg-Mechanismus in Frage zu stellen – und denen sie 1998 nicht als Gutachter ihrer Arbeit zu begegnen hofften.[34]

·5·

Eine nette Idee

Für dieses letzte Kapitel zum Thema der Einteilchen-Interferenz wollen wir einige Jahre mehr zurückblicken. Bisher spielte unsere Geschichte im vertrauten Europa (Fribourg, Wien, Grenoble und Konstanz); jetzt reisen wir mitten in das riesige Dreieck des indischen Subkontinents, nach Bangalore, wo 1984 eines der wichtigsten Treffen von Informatikern und Kommunikationstheoretikern stattfand: die *IEEE International Conference on Computers, Systems and Signal Processing.*

Ob Europa oder Asien: Konferenzräume sehen immer gleich aus. Gilles Brassard, Informatiker an der Universität Montreal, muss sich deshalb nicht übermäßig lange mit der Vorbereitung seines Vortrags aufhalten. Er wird ein Projekt vorstellen, das er gemeinsam mit Charles Bennett, einem studierten Chemiker und jetzigen Theoretiker bei IBM in New York, bearbeitet. So mancher, der geistesabwesend das Tagungsprogramm überfliegt, stutzt beim Titel seines Beitrags: Brassard will über „Quantenkryptographie" sprechen. Kryptographie ist für die meisten der Anwesenden keineswegs ein Fremdwort, der Vorsatz „Quanten" aber klingt doch reichlich geheimnisvoll. Quantenkryptographie – war das nicht eine bizarre Theorie, über die sich die Physiker unentwegt den Kopf zerbrechen? Zum Einstieg in das Thema ruft Brassard seinem Publikum die Grundzüge der Quantenphysik ins Gedächtnis, wohl wissend, dass dies für die meisten Zuhörer in der Tat Neuland ist und der Erfolg seines Vortrags wesentlich davon abhängen wird, wie gut es ihm gelingt, die Grundlagen verständlich zu machen. Während Brassard seine pädagogischen Fähigkeiten unter Beweis stellt, dürfen Sie, die Sie schon eine ungefähre Vorstellung von Quantenphysik haben, den

Saal kurz verlassen. Sie wissen dafür nämlich nicht unbedingt, was Kryptographie ist. Ich möchte Ihnen auf dem Korridor eine Nachhilfestunde erteilen, den Fortgang von Brassards Vortrag derweil im Auge behaltend ...

5.2 Kryptographie

5.2.1 Eine Wissenschaft wird geboren

Die Kunst des Versendens geheimer Botschaften – im Krieg, als Liebesbeweis oder einfach so zum Spaß – ist uralt. Ihr Regelwerk wird aber erst seit dem zwanzigsten Jahrhundert systematisch untersucht. Man nannte die neue Disziplin Kryptographie (von griech. „geheimes Schreiben"). Dahinter verbirgt sich der Versuch, einem der ältesten Probleme der Menschheit wissenschaftlich fundiert nahe zu kommen: Wie verschickt man eine geheime, also nur vom berechtigten Empfänger zu lesende Botschaft? Die Geschichte kennt unzählige kryptographische Tricks. Heute gibt es im Wesentlichen zwei methodische Ansätze: Protokolle mit öffentlichem Schlüssel (public key) und mit geheimem Schlüssel (secret key). Public-Key-Protokolle benutzt man vorwiegend zur Authentifizierung (zum Beispiel für elektronische Signaturen) und für die Übermittlung von Nachrichten an mehrere Parteien, Secret-Key-Protokolle zum Austausch von Informationen zwischen wenigen Parteien – typischerweise zwei, für die sich im Fachjargon die Namen Alice und Bob etabliert haben. Über Public-Key-Protokolle wollen wir hier nicht weiter sprechen; stattdessen wenden wir uns demjenigen Ansatz zu, der Bennett und Brassard zu ihrer Arbeit inspirierte.

5.2.2 Das One-Time-Pad (Vernam-Code)

Einfachste Secret-Key-Protokolle kennen wir alle aus der Kindheit: Wenn wir eine Geheimbotschaft verschicken wollten, ging es darum, die ursprüngliche Nachricht (den Klartext) nach bestimmten, nur der jeweils anderen Partei bekannten Regeln durcheinander zu bringen. Einen absolut sichern Code zu konstruieren ist aber durchaus nicht trivial. Unsicher ist zum Beispiel das bekannte Verfahren, Buchstaben auszutauschen (A gegen C, B gegen T), da die einzelnen Buchstaben in jeder Sprache mit einer feststehenden Häufigkeit vorkommen. Ein hinreichend langer englischer Text zum Beispiel enthält theoretisch am häufigsten den Buchstaben „e". Mithilfe eines Computers fällt es nicht schwer, in dieser Weise verschlüsselte Botschaften zu dechiffrieren. Ein einziges wirklich sicheres Secret-Key-Protokoll ist bekannt: Das *One-Time-Pad*, nach seinem Erfinder (Vernam, 1927) auch *Vernam-Code* genannt, ist beeindruckend einfach. Vernam hat eine ganze Weile darüber gebrütet.

Die beteiligten Parteien heißen Alice und Bob. Sie – und nur sie – besitzen von Anfang an die gleiche lange Liste von *Bits*. Unter einem *Bit* verstehen wir eine Variable, die ausschließlich die Werte 0 und 1 annehmen kann. Diese Liste ist der geheime Schlüssel (*secret key*). Alice, die Senderin, notiert die Nachricht (den Klartext) im Binärcode. Um zu erklären, was damit gemeint ist, benutze ich den ASCII-Code, der jedem Buchstaben eine 8-Bit-Folge zuordnet. Aus dem Text JE T'AIME (französisch *ich liebe dich*), bestehend aus sieben Buchstaben, wird eine Liste aus 56 Bits:

J	E	T	A	I	M	E
01001010	01000101	01010100	01000001	01001001	01001101	01000101

Als Nächstes schreiben wir 56 zufällig gewählte Bits in eine Reihe. Das ist der nur Alice und Bob bekannte Schlüssel. Alice addiert diesen Schlüssel Bit für Bit zu ihrer Nachricht (bei der Addition von Binärzahlen gilt $1 + 1 = 0$); die Summe ist der offen versendete *Geheimtext*. Ein Beispiel:

Klartext	01001010010001010101010001000001010010010100110101000101
Schlüssel	01010011010101101010100111010100010111110101011100111001
Geheimtext	00011001000100111111100110001000001101000001000110100000

Wurde der Schlüssel tatsächlich vollkommen zufällig gewählt, so enthält der Geheimtext *keinerlei Information* über den Klartext: Eine 0 im Geheimtext kann einer 0 im Klartext entsprechen (wenn das Bit des Schlüssels 0 ist), ebenso gut aber auch einer 1 (wenn das Bit des Schlüssels 1 ist). Den Geheimtext können wir also unbesorgt von allen Dächern rufen oder ins Internet stellen – niemand, der den Schlüssel nicht besitzt, wird ihn verstehen.

Also kann der Vernam-Code nicht geknackt werden ... vorausgesetzt eben, der Schlüssel gerät nicht in die falschen Hände. Das Problem der Geheimhaltung wird damit auf die Übermittlung des Schlüssels verschoben. Wie bringen Alice und Bob es zuwege, einen Schlüssel zu vereinbaren, den außer ihnen niemand kennt? Der Austausch konspirativer Aktentaschen, wie wir ihn aus Spionagefilmen kennen, ist nicht eben frei von Risiken. Sicherlich können Alice und Bob einander den Schlüssel auch nicht am Telefon vorlesen, denn die Leitung könnte angezapft werden. Gäbe es nicht wenigstens eine Möglichkeit festzustellen, ob das Gespräch belauscht wurde? Damit ist es soweit – wir schleichen zurück in den Konferenzsaal, wo Brassard eben seine Ausführungen zur elementaren Quantenphysik beendet hat und nun unsere letzte Frage beantworten wird.

5.3 Die Verteilung eines Quantenschlüssels

5.3.1 Das Prinzip

Was Sie bisher über Quantenphysik wissen, reicht aus, um die Quantenkryptographie zu verstehen. Die prinzipielle Idee ist folgende: Alice übermittelt Bob einige Quantenteilchen. Wie wir bei den Interferometerversuchen gesehen haben, verschwindet die Interferenz, sobald wir den Weg eines Teilchens ermitteln. Diesen Fakt – „eine Messung (zwischendurch) modifiziert das Resultat" – nutzen wir jetzt, um einen eventuellen Lauscher zu ertappen. Ein Spion, der sich in den Kanal schaltet, über den Alice ihre Information an Bob sendet, wird bemerkt, weil Bob nicht das erwartete

Ergebnis erhält. Das bedeutet, wir enttarnen den unerwünschten Mithörer mithilfe des Prinzips der Ununterscheidbarkeit.

Nachdem wir nun die Idee in den Grundzügen begriffen haben, wollen wir einen solchen Vorgang im Detail nachvollziehen. Am besten für diese Aufgabe geeignet ist das von Bennett und Brassard in Bangalore vorgeschlagene Protokoll.

5.3.2 Gerät und Protokoll

Wir verwenden die bereits vertraute Anordnung, das Mach-Zehnder-Interferometer. Die Quantenschlüssel-Verteilung nach Bennett und Brassard funktioniert dann folgendermaßen: Alice und Bob sitzen an den beiden Enden des Interferometers. Beide Wege sind gleich lang[35], aber jede der beiden Parteien kann einen der beiden Wege nach Belieben ein wenig verlängern. Gemäß unserer Diskussion in Kapitel 1 können nun folgende Situationen entstehen (Abb. 5.1):

1. Die Wege sind identisch, wenn entweder beide oder keiner von ihnen verlängert wurde. Wenn Alice ein Teilchen vom Eingang 0 aus sendet, empfängt Bob es am Ausgang 0; sendet sie es vom Eingang 1 aus, wird es am Ausgang 1 empfangen.

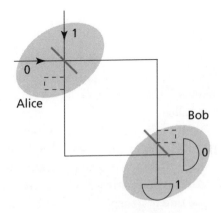

Abb. 5.1: Prinzipskizze der Quantenkryptographie. Die Verlängerungen, die Alice und Bob öffnen können, sind gestrichelt eingezeichnet.

2. Wurde nur eine Verlängerung geöffnet, so unterscheiden sich die Wege. Die Verlängerungen sind so eingestellt, dass Bob das Teilchen mit je 50%iger Wahrscheinlichkeit an Ausgang 0 bzw. 1 findet, gleichgültig, von welchem Eingang aus Alice es gesendet hat.

Soweit die Physik. Befassen wir uns nun mit der Verteilung des Quantenschlüssels. Sie erfolgt in drei Schritten:

- *Alice sendet Bob einige Teilchen.* Jedes Mal wählt sie zufällig einen der beiden Eingänge aus und entscheidet auch zufällig, ob sie den Weg verlängert. Bob entscheidet zufällig (und unabhängig von Alice), ob er seinerseits die Verlängerung öffnet. Das Ergebnis dieses Schritts sind zwei Listen von Bits; eine notiert Alice, die andere Bob. Für die eigenen Bits weiß jeder der beiden, ob die Verlängerung eingebaut war. Ein Beispiel:

Alice

Teilchen Nr.	Bit (Eingabe)	Verlängerung
1	0	ja
2	0	nein
3	1	nein
4	0	nein
5	1	nein
6	1	ja

Bob

Teilchen Nr.	Bit (Ausgabe)	Verlängerung
1	0	ja
2	0	ja
3	1	nein
4	1	ja
5	1	nein
6	0	nein

Den obigen Argumenten zufolge haben Alice und Bob immer dann dasselbe Bit notiert, wenn die Einträge in der Spalte *Verlängerung* übereinstimmen; andernfalls unterscheiden sich die Bits in 50 % der Fälle.

- *Öffentliche Kommunikation.* Alice und Bob teilen einander offen (nicht geheim, also für jeden hörbar) den Inhalt ihrer jeweiligen Spalte *Verlängerung* mit. Stimmt der Inhalt nicht überein, wird die Zeile gestrichen. In unserem Beispiel betrifft das die Bits 2, 4 und 6; stehen bleiben die Bits 1, 3 und 5. Diese Bits sind identisch – und geheim, denn der Inhalt der Spalte *Bits* wird zu keiner Zeit öffentlich übermittelt.

- *Verifizierung.* Im dritten Schritt teilen Alice und Bob einander einige der geheimen Bits mit (dann sind sie natürlich nicht mehr geheim). Haben sie stets denselben Wert, dann können sie davon ausgehen, dass die Übertragung der Teilchen ordnungsgemäß vonstatten ging. Die verbleibenden geheimen Bits bilden den Schlüssel. Im Beispiel können Alice und Bob Bit 1 (in beiden Fällen 0) und Bit 5 (in beiden Fällen 1) offen legen. Dass sie keine Differenzen finden, überzeugt sie davon, dass sie auch den gleichen Wert für Bit 3 notiert haben. Dieses Bit wird in den Schlüssel aufgenommen.

Nachdem der Leser dieses Protokoll durchschaut hat, fragt er sich vermutlich: Was soll das Spielchen mit den Verlängerungen? Bis jetzt haben sie nur dazu gedient, die Hälfte der Bits wegzustreichen, wodurch die Verteilung des Schlüssels doppelt so lange gedauert hat. Wir werden jetzt sehen, dass die Verlängerungen Alice und Bob in die Lage versetzen, einen möglichen Lauscher zu ertappen, der die Übertragungsstrecke (das Interferometer) angezapft hat.

5.3.3 Der Lauscher wird ertappt

Nehmen wir an, zwischen Alice und Bob sitzt eine Spionin (üblicherweise Eve genannt), die den Schlüssel abfangen will. Wie wir gleich erleben werden, kommt Eve problemlos an eine Menge Informationen; dabei führt sie aber zwangsläufig Fehler in Bobs Resultat ein, die dieser bemerkt. Mit anderen Worten: Eve kann das „Kabel" anzapfen, aber Alice und Bob erkennen dies und brechen die Übermittlung des Quantenschlüssels ab.

Überzeugen wir uns davon, dass Eve nicht unbemerkt agieren kann, indem wir eine mögliche Angriffsstrategie betrachten – die Strategie ist nicht optimal, aber gut genug, um das Prinzip zu begreifen. Werfen Sie dazu einen Blick auf Abbildung 5.2: Eve schaltet sich zwischen Alice und Bob und leitet die Teilchen in ihr eigenes Interferometer um. So kann sie die Messung vornehmen, die sonst Bob ausgeführt hätte. Eves Aufgabe ist damit aber

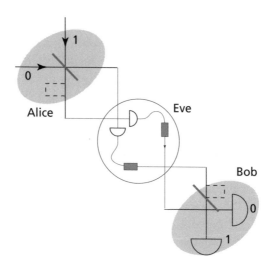

Abb. 5.2: Mögliche Angriffsstrategie des Lauschers Eve.

noch nicht beendet, denn Bob erwartet ein Teilchen. (Eine Möglichkeit, die hier nicht zur Diskussion steht, ist natürlich, dass
Bob von Eve einfach aus dem Weg geräumt wird. Unverblümt
gesagt: Die beste kryptographische Strategie kann nicht verhindern, dass Eve Bob umbringt und sich an seine Stelle setzt.)

Was kann Eve also tun? Sie wird versuchen, Alice zu imitieren,
indem sie ein neues Teilchen erzeugt und durch ein Interferometer an Bob sendet. Sie kann Alice aber nicht perfekt nachahmen,
denn sie *weiß nicht*, ob Alice in diesem Fall die Verlängerung
eingeschaltet hatte oder nicht. Ob Eve nun den Weg in zufälliger
Weise verlängert oder ganz darauf verzichtet, in der Hälfte der
Fälle wird sie sich falsch entscheiden.

Untersuchen wir den Fall, dass weder Alice noch Bob die
Verlängerung geöffnet hatte, Eve hingegen wohl. Der Inhalt der
Spalte *Verlängerung* ist dann für Alice und Bob gleich, die Bits
sollten identisch sein. Bob empfängt das Teilchen nun aber nicht
von Alice, sondern von Eve, die Alice nicht korrekt imitiert hat.
An Bobs Ausgang kann das Teilchen deshalb den falschen Weg

nehmen. Wenn Sie alle Möglichkeiten berücksichtigen, können Sie leicht nachprüfen, dass sich Bobs und Alices Bits in 25 % aller Fälle unterscheiden werden; sie sollten aber stets gleich sein! Eine derart hohe Fehlerrate fällt im Verifizierungsschritt sofort auf. Alice und Bob sind der Lauscherin auf die Schliche gekommen.

5.4 Eine Idee trägt Früchte

5.4.1 Von Bangalore nach Genf

Gilles Brassard beendet seinen Vortrag. Der Beifall ist zurückhaltend. Einige Zuhörer finden die Idee ganz nett, mehr nicht. Andere zeigen sich reservierter angesichts des technologischen Abgrunds, der in ihren Augen Theorie und praktische Umsetzung trennt. Die meisten legen den Beitrag im Geiste als belanglos zu den Akten. Wir müssen uns einige Jahre gedulden, um eine förmliche Explosion der Forschung auf dem Gebiet der Quantenkryptographie zu erleben.[36] 1991 legt Artur Ekert, damals Doktorand an der Oxford University, seine Version der Quantenkryptographie vor, ohne sich der vorangegangenen Arbeiten bewusst zu sein. Bennett und Brassard stellen gemeinsam mit N. David Mermin fest, dass Ekerts Protokoll mit ihrer in Bangalore vorgestellten Methode übereinstimmt. Nun hätten die Gelehrten aufeinander losgehen können – zum Glück begannen Bennet, Brassard und Ekert zusammen zu arbeiten, anstatt sich zu streiten. In ihrem Enthusiasmus zogen sie Asher Peres, Nicolas Gisin, Chris Fuchs und viele andere mit.

Anderswo, in den Labors von IBM und der British Telecom, starten erste Experimente. 1996 gelingt der Genfer Quantenoptik-Gruppe die erste Quantenschlüssel-Verteilung außerhalb des Labors: Alice sitzt in Genf, Bob im rund 20 km entfernten Nyon. Die Photonen werden über ein normales faseroptisches Kabel gesendet, das sonst Telefongespräche überträgt. Bei Vorträgen zeigen die Mitglieder der Genfer Gruppe seitdem stets ein Photo ihres „Labors": eine wunderschöne Luftaufnahme des Genfer Sees …

5.4.2 Eine neue Perspektive

Die Zukunft der Quantenkryptographie vorherzusagen ist nicht
ganz einfach. Einerseits ist die Methode der Schlüsselvertei-
lung zwar *physikalisch* sicher, aber die gegenwärtig von Armee,
Geheimdiensten und auch zivilen Anbietern (Zahlungsverkehr
über Internet, Online-Banking) verwendeten Verfahren sind
in der Praxis auch schon sehr sicher. Andererseits kann die
moderne Quantenkryptographie auch nicht auf Key-Protokolle
beschränkt werden; inzwischen ist bewiesen, dass die Quantenphysik für andere grundlegende Kommunikationsprotokolle
überhaupt keine Vorteile bringt. Schließlich ist die Quantenkryptographie in einer Hinsicht nicht weniger angreifbar als alle
anderen Verfahren: Die älteste Spionagemethode, die Korruption
einer der befugten Parteien, funktioniert unverändert!

Wie aber allgemein bekannt ist, gab es genügend bedeutende
Wissenschaftler, die Zweifel am Nutzen etwa des Transistors oder
des Computers anmeldeten. Pessimisten gibt es überall, aber es
sind die Begeisterungsfähigen, die (manchmal) etwas in Bewegung bringen. Zu dieser letzten Kategorie gehört sicherlich mein
Kollege Grégoire Ribordy, der sich nach der Promotion mit einer
kleinen Firma selbstständig machte, in der er vor allem Geräte
für die Quantenkryptographie herstellen will.

Wie auch immer: Die Leistung von Bennett, Brassard, Ekert und
all den anderen ist nicht zu bestreiten. Seit der Morgendämmerung
der Quantenphysik haben die meisten Physiker die überraschenden Effekte als *Einschränkungen* dargestellt: Wir kennen den Weg
eines Teilchens nicht, wir können keine Messung vornehmen,
ohne das Resultat nachfolgender Messungen zu beeinflussen ...
Die Quantenkryptographie leugnet diese Tatsachen nicht, sondern sie *macht sie sich zunutze*: Weil jede Messung das Ergebnis
verändert, erwischt man einen Lauscher, sobald er eine Messung
vornimmt, um an Informationen zu kommen. Man kann dies als
radikale Änderung der Sichtweise verstehen. Die Quantenphysik
ist keine *unvollkommene*, sondern eine *neue* Physik, mit der man
Dinge tun kann, die ansonsten unmöglich sind.[37]

Teil II

Quantenkorrelation

· 6 ·

Ununterscheidbarkeit
über die Entfernung

6.1 Saint Michel, zweite Vorlesung

Während meiner ersten Vorlesung im Collège Saint-Michel hatte ich die Frage eines Studenten über den Zufall unbeantwortet im Raum stehen lassen. Der Leser wird sich erinnern: Es ging um das einfache Experiment aus Abbildung 1.1, bei dem ein Teilchen nach dem anderen am Strahlteiler eintrifft. Ich hatte festgestellt, dass wir nicht wissen, wie wir das Verhalten jedes einzelnen Teilchens beschreiben sollen, dass wir nicht wissen, warum ein gegebenes Teilchen reflektiert, ein anderes aber durchgelassen wird. Ist der Prozess zufällig, unbestimmt (wovon die Physiker heutzutage allgemein überzeugt sind), oder steht hinter der Auswahl ein noch unbekannter Mechanismus? Absichtlich hatte ich dieses Problem zunächst beiseite gelassen, um mich auf das Experiment mit dem Mach-Zehnder-Interferometer (Abb. 1.3) konzentrieren zu können. Wie wir dabei gesehen haben, ist die Quanten-Zufälligkeit von merkwürdiger Art: Schalten wir zwei „Zufallsgeneratoren" (Strahlteiler) in bestimmter Weise hintereinander, macht der Zufall der Gewissheit Platz! Kurz und knapp fasse ich diese Erkenntnisse für die Studenten, die sich nun, eine Woche später, im alten Kornspeicher versammelt haben, noch einmal zusammen.

Nachdem wir das Collège in der vergangenen Woche verlassen hatten, haben wir ausführlich über Quanteninterferenz gesprochen, uns mit den Phänomenen vertraut gemacht und einige Interpretationen verworfen, die auf den ersten Blick sehr einleuchtend erschienen waren. Hinter dem überraschenden Verhalten der Quantenteilchen scheint kein Mechanismus zu stecken; es bleibt ungeklärt, ob es einen qualitativen Übergang zwischen der Quanten- und der klassischen Welt gibt. Die Krönung aber ist, dass diese bizarre, schwer zu interpretierende Zufälligkeit durchaus sinnvoll angewendet werden kann, beispielsweise zur Verteilung geheimer Schlüssel. Sicherlich stimmen Sie mir zu: Quantenphysik ist mehr als zufallsgefärbte Mechanik. Die Natur wirkt hier in unerwarteter Weise. Zusammengefasst haben wir diese Wirkungsweise im Prinzip der Ununterscheidbarkeit, das wir jetzt auch folgendermaßen formulieren können: Das Verhalten von Quantenobjekten wird von sämtlichen ununterscheidbaren Möglichkeiten bestimmt.

Bei der Diskussion der Einteilchen-Interferenz haben wir, wie sich die Studenten (und sicher auch der Leser) erinnern, eine „intuitive" Vorhersage getroffen, die sich im Experiment als falsch erwiesen hat. Diesmal wähle ich den umgekehrten Weg: Wir gehen *vom Prinzip der Ununterscheidbarkeit aus, wenden dieses auf ein System aus zwei Teilchen an und betrachten die Vorhersagen*; anschließend sprechen wir darüber, ob und inwiefern diese Vorhersagen überraschend sind. Der Leser dieses Buches findet die Analyse in Kapitel 7 und Informationen über tatsächlich im Labor ausgeführte Experimente in Kapitel 8. Die Diskussion der Zweiteilchen-Interferenz ist keine erschöpfende Behandlung der Quantenmechanik, aber sie gibt uns das Rüstzeug, um in Kapitel 9 Interpretationen besprechen zu können, ohne beim Welle-Teilchen-Dualismus stehen bleiben zu müssen.

6.2 Die (Un)unterscheidbarkeit zweier Teilchen

6.2.1 Das Franson-Interferometer

Ein Schema der Versuchsanordnung, um die es jetzt gehen wird, sehen Sie in Abbildung 6.1. Die Quelle sendet die Teilchen nun *paarweise* aus; ein Teilchen fliegt nach rechts, das andere nach links. Beide treffen auf ein Interferometer, das auf den ersten Blick

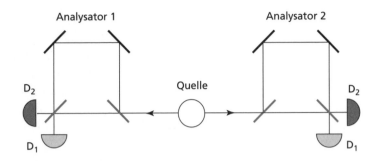

Abb. 6.1: Symmetrisches Franson-Interferometer für zwei Teilchen.

wie ein Mach-Zehnder-Apparat aussieht – es gibt aber einen sehr wichtigen Unterschied: Die Weglängendifferenz ist unübersehbar groß. Diese Zweiteilchen-Anordnung nennt man *Franson-Interferometer*.[38] Offensichtlich gibt es hier vier Möglichkeiten:

1. lang/lang (LL): Beide Teilchen nehmen den langen Weg.
2. lang/kurz (LK): Das Teilchen links nimmt den langen Weg, das Teilchen rechts den kurzen.
3. kurz/lang (KL): Das Teilchen rechts nimmt den langen Weg, das Teilchen links den kurzen.
4. kurz/kurz (KK): Beide Teilchen nehmen den kurzen Weg.

Bevor wir das Prinzip der Ununterscheidbarkeit anwenden können, müssen wir nachprüfen, ob mindestens zwei dieser Alternativen ununterscheidbar sind. Können sie nämlich alle voneinander unterschieden werden, erwarten wir keine Interferenz.

Offenkundig sind LK und KL sowohl voneinander als auch von LL und KK zu unterscheiden. Betrachten wir dazu die Alternative LK: Das Teilchen links erreicht den Detektor deutlich nach dem Teilchen rechts, weil es den wesentlich längeren Weg genommen hat. Das Gegenteil trifft auf die Alternative KL zu. Wenn wir also die Zeit messen, zu der die Teilchen an den Detektoren eintreffen, können wir zweifelsfrei feststellen, welches Teilchen welchen Weg genommen hat. Was aber ist mit LL und KK? In beiden Fällen werden die Teilchen gleichzeitig nachgewiesen.

Spontan unterbricht mich einer der Studenten, ohne für seine Frage auch nur die Hand zu heben: „Ja, wenn aber beide Teilchen den langen Weg nehmen, kommen sie viel später an als auf dem kurzen Weg. So kann man doch beide Fälle unterscheiden?" Zugegeben, die Frage ist gerechtfertigt – vorausgesetzt, wir kennen den Zeitpunkt der Emission der Teilchen! Das Franson-Interferometer ist nur dann relevant, wenn *sich nicht feststellen lässt*, wann die Quelle die Teilchen aussendet. Auf die speziellen Anforderungen an die Quelle, die durch diese Bedingung zustande kommen, werde ich hier nicht weiter eingehen.[39] Nachdem dieses Problem gelöst ist, halten wir fest, dass die Alternativen LL und KK nicht zu unterscheiden sind und wir folglich mit Interferenzeffekten rechnen können.

6.2.2 Zweiteilchen-Interferenz

Zu Beginn unserer Diskussion über Zweiteilchen-Interferenz sollten wir uns vor Augen führen, dass die Fälle LL und KK intrinsisch nur für *zwei Teilchen* gültig sind. Die Bedingung der Ununterscheidbarkeit ist in dieser Anordnung nur erfüllt, wenn zwei Teilchen gleich lange Wege nehmen. Ob es sich um gleich lange Wege handelt, können wir nicht wissen, wenn wir nur ein Teilchen betrachten; das Wort *gleich* impliziert einen *Vergleich*. Die Ununterscheidbarkeit tritt demzufolge ausschließlich für Paare von Teilchen auf, nicht für einzelne Teilchen. Dies vorausgesetzt, *ist auch die Interferenz nur sichtbar, wenn wir die Teilchen paarweise betrachten*. Und tatsächlich sagt die Quantenphysik für die in Abbildung 6.1 skizzierte Anordnung voraus: Immer, wenn beide Teilchen gleichzeitig gemessen werden, finden sich entweder beide an D_1 oder beide an D_2. Dabei muss betont werden, dass sowohl das linke als auch das rechte Teilchen manchmal an D_1 ankommt und manchmal an D_2 (mit einer Wahrscheinlichkeit von je 50 %). Ein Teilchen allein zeigt also keine Interferenz.[40] Vergleichen wir aber die Ergebnisse, dann stellen wir fest, dass die Teilchen jedes Mal am gleichen Ausgang ankommen. Wir sprechen von einer *perfekten Korrelation*.

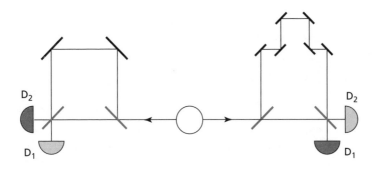

Abb. 6.2: Asymmetrisches Franson-Interferometer.

Wie im Fall der Einteilchen-Interferenz haben wir nun die Aufgabe, eine Modifikation in eine der ununterscheidbaren Alternativen einzuführen, etwa indem wir eine Weglänge verändern. Es genügt hier, beispielsweise den langen Weg rechts zu verlängern, wie es in Abbildung 6.2 gezeigt ist. (Natürlich muss der Längenunterschied hinreichend gering sein; sonst kommt in der Variante LL das Teilchen rechts so viel später an als das Teilchen links, dass LL zweifelsfrei von SS unterschieden werden kann.) Diese Modifikation bewirkt einen Effekt, wie wir ihn schon aus der Einteilchen-Interferenz kennen: Es gibt einen bestimmten Weglängenunterschied, für den sich die Vorhersagen umkehren – misst man das Teilchen links an D_1, so zeigt sich das Teilchen rechts an D_2, misst man das Teilchen links an D_2, so findet man das Teilchen rechts an D_1. Wie zuvor kommen beide Teilchen für sich genommen gleich häufig (mit einer Wahrscheinlichkeit von je 50 %) an D_1 und D_2 an. Vergleichen wir jetzt aber die Resultate, dann stellen wir fest, dass sie *in allen Fällen entgegengesetzt* sind. Wir nennen das eine perfekte *Anti-Korrelation*.

Unter Zweiteilchen-Interferenz verstehen wir zusammengefasst Folgendes: Indem wir eine der Alternativen verändern, können wir bei der Messung von Teilchenpaaren von perfekter Korrelation zu perfekter Antikorrelation übergehen. Alle anderen Weglängenunterschiede liefern Resultate zwischen diesen beiden Extremen.

Bevor wir die Folgen dieser Vorhersage untersuchen, möchte ich den Leser darauf hinweisen, dass es kein Analogon des Franson-Interferometers für klassische Wellen gibt – im Gegensatz zur Mach-Zehnder-Anordnung und zum Young'schen Doppelspalt, die ursprünglich in der klassischen Optik entwickelt wurden. Der Grund dafür ist, dass es *für klassische Wellen das Prinzip der Ununterscheidbarkeit nicht gibt.* Sie sehen daran, dass der in der Frühzeit der Quantenphysik geprägte Begriff „Welle-Teilchen-Dualismus" allgemeineren Konzepten wie Ununterscheidbarkeit oder Komplementarität im Bohr'schen Sinne Platz machen muss. In der Tat können nur die Verfechter der Theorie der „Führungswelle", die wir in Kapitel 9 kurz ansprechen werden, dabei bleiben, das Verhalten von Quanten als eine Dualität von Welle und Teilchen zu beschreiben. Diese Welle hat dann allerdings außergewöhnliche Eigenschaften, da sie für alle Überraschungen verantwortlich ist, die die Quantenphysik zu bieten hat. Kehren wir vorerst aber zur Analyse der Zweiteilchen-Interferenz zurück.

6.3 Erste Betrachtung der Konsequenzen

6.3.1 Ein Prinzip und eine Überraschung

Sollten wir überrascht sein vom Auftreten der Interferenz? Genauer gesagt: Sollte uns die Zweiteilchen-Interferenz stärker überraschen als die Einteilchen-Interferenz? In gewisser Hinsicht lautet die Antwort *nein* – beide Arten der Interferenz fallen unter das uns bereits bekannte Prinzip der Ununterscheidbarkeit. Man könnte also meinen (und manche Physiker, wenn auch immer weniger, meinen es), dass die Zweiteilchen-Interferenz der Quantenphysik nichts grundlegend Neues bringt.

Ich bin mit dieser Ansicht nicht einverstanden, und viele (immer mehr) meiner Kollegen auch nicht. Ich vertrete folgende feste Überzeugung: Die ultimative Basis des Prinzips der Ununterscheidbarkeit sind Zwei- und Mehrteilcheninterferenzen. Den Grund für diese Auffassung will ich vorerst noch nicht diskutieren; stattdessen wollen wir zunächst das Phänomen der Zweiteilchen-Interferenz und seine Folgen genauer betrachten.[41]

Jedes Teilchen im Einteilchen-Interferometer bemerkt, wie wir gesehen haben, Veränderungen, die wir lediglich auf einem der möglichen Wege vornehmen. Wir sahen uns gezwungen zuzugeben, dass Quantenteilchen alle Wege „erkunden" oder über alle Wege „informiert sind". Schauen wir nun auf Abbildung 6.2: Die Modifikation findet nur auf einem Weg *und nur für ein Teilchen* statt. Deshalb ist die Delokalisierung durch das Prinzip der Ununterscheidbarkeit noch dramatischer. Erstens: Es kommt zur Interferenz, wenn die Teilchen gleich lange Wege nehmen (LL oder KK); woher aber „weiß" das Teilchen rechts, ob sein Partner links den langen oder den kurzen Weg nimmt? Zweitens: Woher „wissen" die Teilchen, dass die betreffenden Wege „fast" gleich lang sind, wobei der geringe Unterschied gerade ausreicht, um eine perfekte Korrelation in eine perfekte Antikorrelation zu verwandeln?

Wir können eine Antwort auf diese Fragen vorschlagen, die vollkommen natürlich scheint: Ein Teilchen, zum Beispiel das Erste, das seinen Detektor erreicht, *schickt seinem Partner eine Nachricht* über alles, was ihm unterwegs begegnet ist. Das andere Teilchen berücksichtigt diese Information und fliegt zum richtigen Detektor. Wenn wir aber das Prinzip der Ununterscheidbarkeit akzeptieren, dann müssen die Interferenzeffekte *unabhängig vom Abstand* zwischen den beiden Teilchen auftreten – das Argument, mit dem wir die Ununterscheidbarkeit von LL und KK bewiesen haben, bleibt auch dann gültig, wenn die Entfernung der Detektoren voneinander nicht einen Millimeter, sondern ein Lichtjahr beträgt! Außerdem zweifelt kein Physiker daran, dass es eine Grenzgeschwindigkeit für die Übertragung von Information gibt, die Lichtgeschwindigkeit. Ist der Abstand zwischen den Detektoren sehr groß, dann ist es unmöglich, dass eine Nachricht, die von einem Teilchen mit einer geringeren als der Lichtgeschwindigkeit gesendet wird, rechtzeitig beim anderen Teilchen eintrifft, um dessen Verhalten in geeigneter Weise zu beeinflussen.

6.3.2 (Wenigstens) drei Erklärungen

Damit befinden wir uns an einem Scheideweg, denn die drei folgenden Behauptungen lassen sich nicht miteinander vereinbaren: (1) Das Prinzip der Ununterscheidbarkeit ist richtig und vollständig; (2) die Teilchen tauschen Information aus; (3) es gibt eine Geschwindigkeitsgrenze für die Übertragung von Information. Welche(n) dieser Punkte müssen wir fallen lassen?

1. Gehen wir davon aus, dass die Korrelation der Teilchen eine Kommunikation zwischen ihnen zwingend erfordert, und sehen wir die Lichtgeschwindigkeit weiterhin als obere Geschwindigkeitsgrenze an, dann ist das Prinzip der Ununterscheidbarkeit unvollständig. Es müsste um die Forderung ergänzt werden, dass die Entfernung zwischen den Teilchen das Senden und Empfangen einer Nachricht zulässt, damit es beim Vorhandensein zweier ununterscheidbarer Alternativen zur Interferenz kommen kann.

2. Im Zusammenhang mit Quantenkorrelationen brauchen wir die Obergrenze der Geschwindigkeit nicht zu berücksichtigen, weil – wie ich im nächsten Abschnitt ausführlich erklären werde – diese Korrelationen nicht zur „Kommunikation" (etwa zwischen zwei Physikern) ausgenutzt werden können. Wir können deshalb postulieren, dass die Teilchen in der Lage sind, mit Überlichtgeschwindigkeit Nachrichten zu senden, weil wir in keiner Weise von einer derartigen Übermittlung profitieren.

3. Schließlich können wir auch völlig darauf verzichten, Quantenkorrelationen durch einen Informationsaustausch erklären zu wollen. In diesem Fall ist Punkt (3) nicht mehr relevant, und uns bleibt das, was wir auch vorher schon hatten: das Prinzip der Ununterscheidbarkeit.

Bevor ich den Experimentatoren das Wort erteile, möchte ich die drei genannten Möglichkeiten etwas genauer unter die Lupe nehmen. Schließlich hat mich ein Philosophieprofessor an dieses Collège eingeladen.

Möglichkeit 3 – das Prinzip der Ununterscheidbarkeit ohne zugrunde liegenden Mechanismus – ist schlicht die Quantentheorie. Möglichkeit 1 ist interessant, denn sie lässt sich experimentell überprüfen; es „genügt", die Detektoren in einem hinreichend großen Abstand voneinander aufzustellen. Verschwindet die Zweiteilchen-Interferenz, dann ist das Prinzip der Ununterscheidbarkeit in der allgemeinen Form widerlegt und muss um eine Entfernungsregel ergänzt werden. Die entsprechenden Experimente werden uns in Kapitel 8 beschäftigen, aber ich versichere Ihnen schon jetzt, dass die Zweiteilchen-Interferenz auch dann nicht verschwindet, wenn der Abstand zwischen den Detektoren so groß ist, dass er von Licht in der Zeit zwischen zwei Messungen nicht überwunden werden kann.

Die Stichhaltigkeit von Möglichkeit 2 zu diskutieren ist ziemlich komplex. Effektiv postulieren wir hier eine *verborgene* (nicht beobachtbare) *Kommunikation* zwischen den Teilchen *mit Überlichtgeschwindigkeit*. Wollen wir diese Hypothese am Experiment testen, dann müssen wir einige Arbeitshypothesen dazustellen. Sie erinnern sich an die Kapitel 3 und 4: Es ist nicht leicht, sich ein geeignetes Experiment auszudenken, und in unserem Fall muss es sich um ein reines Gedankenexperiment handeln (schließlich sprechen wir von etwas Unbeobachtbarem!). Jedenfalls hält nur eine Minderheit unter den Physikern diese verborgene Kommunikation für möglich, und entsprechend spärlich sind bislang die Überlegungen zu diesem Thema. Zwar zähle ich mich nicht zu den Anhängern der Hypothese (und ich denke auch nicht, dass im Augenblick Arbeit hineingesteckt werden sollte), aber ich kann Ihnen ehrlicherweise auch nicht verschweigen, dass sie bisher nach den Kriterien der experimentellen Naturwissenschaften noch nicht widerlegt wurde.[42]

6.3.3 Nachrichten übermitteln?

Meinen Studenten habe ich diesmal eine nicht zu unterschätzende *tour de force* zugemutet. Wir haben das Prinzip der Ununterscheidbarkeit aufgegriffen, das Konzept der Korrelation eingeführt und Interferenz bei Korrelationen entdeckt. Dann haben wir verfolgt, wie diese Vorhersage der Quantenphysik die bekannte und akzeptierte Tatsache in Frage zu stellen scheint, dass Kommunikation nicht schneller als mit Lichtgeschwindigkeit vonstatten gehen kann. Dabei kann ich es nicht bewenden lassen, selbst wenn mein Publikum schon erschöpft ist. Diejenigen, die bis hierher zugehört haben, sollen nicht mit dem Eindruck nach Hause gehen, dass die Nachrichtenübermittlung mit Überlichtgeschwindigkeit eines Tages physikalisch möglich sein könnte.[43]

Wie auch immer die Erklärung dafür lauten wird – die Quantenkorrelation ist ein Phänomen, das über die Entfernung hinweg wirkt. Allerdings lässt sich *dieses Phänomen nicht zur Kommunikation ausnutzen*; man kann damit keine Nachricht senden, weder schneller noch langsamer als mit Lichtgeschwindigkeit. Der Grund dafür ist folgender: Gleichgültig, ob wir uns im Hinblick auf ein Teilchenpaar in einer Situation perfekter Korrelation, perfekter Antikorrelation oder irgendwo dazwischen befinden – *das Ergebnis, das wir für ein einzelnes Teilchen erhalten, bleibt unverändert*. Auf jeder Seite des Franson-Interferometers findet man die Hälfte der Teilchen am Ausgang D_1, die andere Hälfte an D_2. Alice, die auf der linken Seite sitzt, sieht eine zufällige Verteilung der Messungen; Bob kann rechts sein Interferometer nach Belieben verstellen, für Alice ändert sich nichts. Erst wenn Alice und Bob miteinander sprechen (zum Beispiel telefonisch) und ihre Resultate vergleichen, bemerken sie, dass eine Korrelation zwischen den Teilchen existiert. Das bedeutet, man kommt nicht ohne ein gewöhnliches Kommunikationsmittel (Telefon, Internet, persönliches Treffen) aus, wenn man sich der Korrelation bewusst werden will. Mit Korrelationen für sich genommen kann man nicht kommunizieren.

6.4 Ausblick

Nachdem die Frage der Kommunikation nun geklärt ist, teile ich den Studenten kurz mit, dass Korrelationen über eine Entfernung hinweg experimentell nachgewiesen wurden und immer noch erforscht werden. Dann gehe ich weiter zu einem knappen Überblick über die Interpretationen der Quantenphysik.

Dem Leser dieses Buches stelle ich die Interpretationen in Kapitel 9 vor, während die beiden folgenden Kapitel noch der Zweiteilchen-Interferenz gewidmet sein werden. Unsere Route wird dabei ähnlich verlaufen wie in Teil 1: Ein einführendes Kapitel (7) bespricht den Begriff der Korrelation eher abstrakt und geht auf historische Aspekte ein, im Mittelpunkt des anschließenden Kapitels (8) stehen Experimente, die Korrelationen tatsächlich nachgewiesen haben, und die überraschende Kritik, die an diesen Beobachtungen geübt wurde.

· 7 ·

Der Ursprung der Korrelationen

7.1 Das Bell'sche Theorem

In Kapitel 2 haben wir gesehen, dass die Ununterscheidbarkeit von Autos in den Augen eines Fußgängers zu keinerlei Überraschung hinsichtlich der physikalischen Eigenschaften dieser Autos führt. Ununterscheidbarkeit im alltäglichen Leben entsteht durch Unwissenheit des Beobachters, die sich beheben lässt; Ununterscheidbarkeit auf Teilchenebene hingegen kann nicht aufgelöst werden, ohne die Eigenschaften qualitativ zu beeinflussen. Aus der Argumentation in Kapitel zwei und dem Versagen des „Heisenberg-Mechanismus" in Kapitel 4 haben wir gelernt, dass die Ununterscheidbarkeit in der Quantenwelt nicht als eine Art unüberwindbarer Unkenntnis angesehen werden darf, sondern als ganz neuer Gedanke zu betrachten ist: Zwei Wege eines Autos für ununterscheidbar zu erklären ist etwas völlig anderes als zwei Alternativen für das Verhalten eines Teilchens als ununterscheidbar anzuerkennen. In diesem Kapitel werden wir sehen, dass sich im Fall der Korrelationen ähnlich argumentieren lässt. Das Konzept der Korrelation erscheint in der Quantenwelt in neuem, unerwartetem Licht.

7.1.1 Schiedsrichter, Konditormeister und Teilchen

Im Alltag können wir Korrelation auf zweierlei Weise erreichen:
1. Korrelation *durch Austausch eines Signals.* Pfeift bei einem Fußballmatch der Schiedsrichter, dann bleiben alle Spieler stehen.
2. Korrelation, die *an der Quelle erzeugt wurde.* In einer Konditorei bestelle ich für zwei Bekannte, die einander ebenfalls kennen, zwei identische Geschenkkartons, um Neid zu ver-

meiden. Packt einer der beiden in meinem Beisein eine Schokoladentorte aus, dann weiß ich mit Sicherheit, dass auch der
andere eine Schokoladentorte erhalten hat.

Im vorangegangenen Kapitel haben wir gesehen, dass Korrelation
durch Austausch eines Signals in der Quantenwelt problematisch
ist: Die Quantenphysik sagt vorher, dass die Korrelation funktioniert, gleichgültig, wie weit die Teilchen im Augenblick ihrer
Ankunft am jeweiligen Detektor voneinander entfernt sind. Kein
Signal kann aber schneller übermittelt werden als mit Lichtgeschwindigkeit.[44] Könnte es deshalb sein, dass die Korrelation eines Teilchenpaars schon *an der Quelle* festgelegt ist? Scheinbar ist
dies die einzig sinnvolle Alternative: Die Ursache der Korrelation
sollte sein, dass die Teilchen vor ihrer Trennung Informationen
(genannt *lokale Variable*[45]) austauschen. Angesichts unserer na-
turwissenschaftlichen Denkweise und unserer bisherigen Kenntnis der Quantenphysik sind wir mit unserer Intuition nicht zufrieden, solange wir sie nicht *nachgeprüft* haben. Aber wie sollen
wir das schaffen? Um die Möglichkeit der Signalübertragung auszuschließen, müssen wir nur eine hinreichend große Entfernung
zwischen die Teilchen bringen. Und wie muss ein Experiment
aussehen, mit dem wir zeigen können, dass die Korrelationen an
der Quelle entstehen? Lehnen Sie sich einen Moment zurück und
denken Sie über diese Frage nach, bevor Sie weiterlesen.

In der Tat ist der Aufbau eines geeigneten Experiments alles
andere als offensichtlich. Die Antwort, die ich Ihnen anbiete, ist
äußerst raffiniert und kann nur von jemandem entdeckt werden,
der sich mit der Quantentheorie auskennt. Nach John Bell, dem
ersten Physiker, der eine solche Argumentation vorschlug, wurde sie *Bell'sches Theorem* genannt. Um das Bell'sche Theorem zu
verstehen, genügen Kenntnisse der elementaren Mathematik. In
den folgenden Abschnitten zeige ich Ihnen, wie der Ansatz funktioniert. Dies ist der schwierigste Teil des Buches; der Leser kann
ihn auslassen und sich einfach Folgendes merken:

*Das Bell'sche Theorem gibt uns ein Kriterium in die Hand, mit
dessen Hilfe wir experimentell ausschließen können, dass Quanten-*

korrelationen an der Quelle erzeugt werden – anders gesagt, mit dessen Hilfe wir eine alternative Beschreibung der Quantenphänomene auf der Grundlage lokaler Variabler ausschließen können.

Meiner Meinung nach lohnt es die Mühe, das Bell'sche Theorem zu verstehen, denn nur wenige andere grundlegende Resultate der modernen Physik lassen sich mit elementaren Konzepten erklären.

7.1.2 Das Bell'sche Theorem: Vorbemerkungen

Wir betrachten die in Abbildung 7.1 skizzierte Anordnung, ein verallgemeinertes Franson-Interferometer. Eine Quelle emittiert ein Teilchenpaar, das wahrscheinlich Quantenkorrelationen zeigen wird. Ein Teilchen fliegt in Alices Labor, das andere landet bei Bob. Jeder der beiden unterwirft „sein" Teilchen einer Messung seiner Wahl. (Im Fall des Franson-Interferometers kann das bedeuten, dass Alice und Bob einen der beiden Wege auf der eigenen Seite ein bisschen verlängern können, wie in Abb. 6.2 gezeigt.) Folgende Hypothese wollen wir nachprüfen:

Hypothese: *Die Korrelationen zwischen den Teilchen entstehen an der Quelle.* Mit anderen Worten: Bevor sie die Quelle verlassen, tauschen die Teilchen alle Informationen (lokale Variable) aus, die benötigt werden, um die Korrelation zu erzeugen.

Für den nächsten Schritt in unserer Argumentation müssen wir berücksichtigen, dass diese Hypothese zwingend folgende Konsequenz nach sich zieht:

Konsequenz: *Die an der Quelle entstandene Korrelation zwischen den Teilchen darf nicht von der Messung abhängen, für die sich Alice und Bob auf ihrer jeweiligen Seite entschieden haben.*

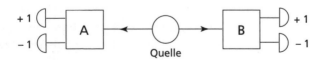

Abb. 7.1: Prinzipschema für eine Zweiteilchenmessung. Am linken Teilchen wird die Eigenschaft A gemessen, am rechten die Eigenschaft B.

Anthropomorph ausgedrückt: Im Moment des Austritts aus
der Quelle „wissen" die Teilchen nicht, welche Art der Messung
sie erwartet. Diese Konsequenz ist ganz natürlich, denn die Entscheidung, welche Messung sie ausführen (ob sie in unserem Beispiel die Verlängerung einführen oder nicht), können Alice und
Bob durchaus erst dann treffen, wenn die Teilchen die Quelle
bereits verlassen haben. An dieser Stelle wollen wir noch festhal-
ten, dass dieses Argument nur einen Sinn ergibt, wenn wir davon ausgehen, dass sich Alice und Bob frei entscheiden können
– das bedeutet, dass ihre Wahl zumindest nicht mit irgendeinem
sinnvollen Parameter der Teilchen zusammenhängt. Wenn jedes
Ereignis, auch jede menschliche Handlung, vorherbestimmt ist,
dann ist das Bell'sche Theorem ungültig. Allerdings ist es dann
auch überflüssig, eine Erklärung für die Quantenkorrelation
oder sonst ein Phänomen zu suchen!

Bevor ich Ihnen das Bell'sche Theorem vorführe, möchte ich
zwei zusätzliche Bedingungen stellen:

Bedingung 1: Für jedes Teilchenpaar wählen Alice und Bob
jeweils eine *von zwei möglichen* Messungen. Konkret bezeichnen
wir Alices Messungen als A und A', Bobs als B und B'. Eine Messung an einem Paar kann demzufolge vier verschiedene Resultate
ergeben, (A,B), (A',B), (A,B') oder (A',B').

Bedingung 2: Jede dieser Messungen (A, A', B, B') ist *dicho-
tom*, sie kann für sich genommen zwei verschiedene Resultate liefern. Dichotome Messungen sind uns in diesem Buch
schon häufig begegnet. In den Anordnungen der Abbildungen
1.1, 1.3 und 1.4 messen wir das Teilchen auf einem von zwei
möglichen Wegen; im Franson-Interferometer aus Kapitel 6
wird jedes Teilchen einer dichotomen Messung unterworfen.
Abstrakter können wir uns die Messungen A, A', B und B' als
Kästen vorstellen, die mit zwei Lämpchen, einem roten und
einem grünen zum Beispiel, ausgestattet sind. Immer, wenn ein
Teilchen ankommt, leuchtet eine Lampe, niemals aber beide
gemeinsam.

Der Leser sollte bemerken, dass diese beiden Voraussetzungen
das Problem *vereinfachen*; tatsächlich reduzieren sie es auf die

minimale Komplexität.[46] Dass sich das Bell'sche Theorem auch für diesen Fall zeigen lässt, ist bemerkenswert.

Abschließend treffen wir noch eine Übereinkunft. Für jede der Messungen A, A', B und B' geben wir das Resultat in der Form +1 an, wenn das grüne Lämpchen leuchtet, und in der Form −1, wenn das rote Licht aufstrahlt. Die Wahl der Zahlen ist vollkommen willkürlich. Wir hätten stattdessen auch +37 und +3,1415 nehmen können, nur lässt sich das Bell'sche Theorem dann nicht so einfach und elegant zeigen.

7.1.3 Das Bell'sche Theorem: Die Aussage

Wir können nun das Bell'sche Theorem in Angriff nehmen. Betrachten wir ein gegebenes Teilchenpaar. Unserer Hypothese zufolge verlässt jedes der Teilchen die Quelle mit bestimmten Informationen – um die Gedanken klarer werden zu lassen, stellen wir uns vor, beide Teilchen nehmen die gleiche Information mit, wobei diese Einschränkung für die folgende Argumentation eigentlich nicht notwendig ist. Wir haben akzeptiert, dass die Teilchen nach dem Austritt aus der Quelle nicht mehr kommunizieren. Alles, was auf dem Weg zwischen Quelle und Detektor geschieht, kann die (unserer Hypothese nach an der Quelle erzeugte) Korrelation demnach bestenfalls reduzieren.

Unter dieser Voraussetzung gehen wir davon aus, dass die an der Quelle ausgetauschte Information faktisch *das Ergebnis jeder Messung bestimmt*.[47] Die Liste der Resultate (oder gleichbedeutend die Information, für die sie berechnet wurden) ist die lokale Variable. Demzufolge ist es vorherbestimmt, dass Alice bei Messung von A das Ergebnis a erhält und bei Messung von A' das Ergebnis a'; dasselbe gilt für Bob. Wie Sie sich erinnern, können a, a', b und b' jeweils die Werte +1 und −1 annehmen.

Jedes Teilchenpaar trägt dann hinreichend viele Informationen, damit sich die Zahl $S = (a + a')b + (a - a')b'$ ausrechnen lässt. S ist ein Geschenk des Himmels und wahrlich nicht schwer zu bestimmen – für jedes Teilchenpaar kann S nur den Wert +2 oder −2 annehmen. Das sehen Sie sofort, wenn Sie Folgendes überlegen: (i) Ist $a = a'$, dann wird der zweite Term der Summe null; für den ersten Term ist $(a + a')$ dann entweder +2 oder –2 und b nimmt den Wert +1 oder –1 an; (ii) ist $a = -a'$, dann ist umgekehrt der erste Term der Summe null und für den zweiten gilt die obige Begründung.

Wir halten weiterhin fest, dass Alice und Bob den Wert von S für ein gegebenes Teilchenpaar nicht ermitteln können, denn Alice misst manchmal A, manchmal A' und hat, wenn sie A misst, keine Ahnung, welches Ergebnis sie bei einer Messung von A' erhalten hätte. Dasselbe gilt für Bob. Allerdings können beide verschiedene Messungen für eine hinreichend große Zahl von Paaren ausführen. Dann erhalten sie *den Mittelwert von S*. Um uns davon zu überzeugen, schreiben wir S in der Form $ab + a'b + ab' + a'b'$ auf; der Mittelwert von S ist dann die algebraische Summe der Mittelwerte, die sich für die vier Messungen ergeben, die wir tatsächlich ausführen können, nämlich (A,B), (A',B), (A,B') und (A',B'). Experimentell ist also der Mittelwert von S zugänglich. Und so lautet das Bell'sche Theorem: *Ist unsere Hypothese korrekt, dann muss der Mittelwert von S zwischen –2 und +2 liegen* (die Grenzen eingeschlossen).

Das ist keine besonders großartige Entdeckung – nein, diese Aussage ist absolut trivial! So wie ein Student von Saint-Michel das Jahr nicht mit einem Notendurchschnitt von 7 abschließen kann, wenn nur Noten zwischen 1 und 6 vergeben werden, so kann auch der Mittelwert von S nicht außerhalb der Grenzen +2 und –2 liegen, wenn S keinen anderen Wert als +2 oder –2 annimmt. Die großartige Erkenntnis aber ist diese: Für zwei in geeigneter Weise präparierte Teilchen und für bestimmte, ausgewählte Messungen A, A', B und B' sagt die Quantentheorie einen Mittelwert von S vorher, der bei $2\sqrt{2}$ oder rund 2,8284 liegt, was unbestreitbar *größer* ist als 2! Die Bell'sche Ungleichung – die einfach herzuleitenden Grenzen für den Mittelwert einer bestimmten Zahl – wird in der Quantenwelt *verletzt*. Da die Demonstration klar und eindeutig ist, sehen wir uns gezwungen zu folgern, dass unsere Hypothese – Informationsaustausch im Punkt der Trennung des Paars – mit der Quantentheorie nicht vereinbar ist.

Dieses Ergebnis liefert uns exakt das gesuchte Kriterium. Wir haben die Hypothese aufgestellt, dass Quantenkorrelationen an der Quelle erzeugt werden, weil es uns noch schwerer fiel zu akzeptieren, dass sie durch die Übermittlung von Signalen entstehen. Unsere Hypothese erfordert, dass der Betrag einer bestimmten *messbaren* Größe, des Mittelwertes von S, kleiner oder gleich 2 ist. Die Quantentheorie aber sagt voraus, dass dieser Mittelwert auch bei $2\sqrt{2}$ liegen kann. Es bleibt uns nur noch, diese Zahl experimentell zu ermitteln. Messen wir einen Wert größer als 2, dann wissen wir, dass Quantenkorrelationen nicht an der Quelle entstehen.

7.1.4 Das Bell'sche Theorem: Kommentare

Dieses ebenso geniale wie bedeutsame Ergebnis ist Gegenstand ungezählter Diskussionen. Einige Kommentare möchte ich dem Leser nicht vorenthalten; ich erhebe aber keinen Anspruch darauf, das Thema erschöpfend zu behandeln.

Erstens: Aus den Kapiteln 1 und 2 wissen wir, dass die Resultate von Messungen an einem Quantenteilchen von der Versuchsanordnung abhängen. So haben wir gesehen, dass sich nicht feststellen lässt, welchen Weg ein Teilchen in einem Mach-Zehnder-Interferometer genommen hat, ohne das Messergebnis (den Weg, auf dem das Teilchen nachgewiesen wird) signifikant zu modifizieren. Die Hypothese, dass Quantenkorrelationen an der Quelle entstehen, führte uns zu dem Schluss, dass das Resultat *jeder beliebigen* Messung an einem Teilchen eines Paares schon an der Quelle feststeht. Besteht da nicht ein prinzipieller Widerspruch zwischen dieser Hypothese und den Beobachtungen einzelner Teilchen? Wie sich herausstellt, gibt es diesen Widerspruch nicht: *Es lassen sich Experimente an einzelnen Quantenteilchen mit geeigneten lokalen Variablen reproduzieren.* Auf alle in Teil 1 dieses Buches vorgestellten Interferometer lässt sich Bohms Theorie (siehe Kapitel 9) anwenden; für den Spin fand John Bell persönlich ein Modell mit lokalen Variablen. (Übrigens hielt man das aufgrund des Von-Neumann-Theorems

für unmöglich; das Theorem war mathematisch korrekt, aber
Bell fiel auf, dass eine der enthaltenen Hypothesen zu streng und
unnötig war – durch die Streichung dieser Hypothese fiel auch
die Einschränkung weg.) Die Existenz solcher Modelle mit lokalen Variablen ist der Grund dafür, dass ich in Teil 1 so oft betont
habe, dass Einteilchen-Phänomene und Welle-Teilchen-Dualismus nicht ausreichen, um die Quantenphysik in ihrer Ganzheit
wahrzunehmen – Zwei- und Mehrteilchenphänomene müssen
ebenso berücksichtigt werden.

Zweitens: Um einer großen Zahl von Physikern und ihrer
Arbeit Gerechtigkeit widerfahren zu lassen, weise ich darauf hin,
dass *viele Theoreme vom Bell'schen Typ* existieren. Der Weg zur
Zahl S, den ich Ihnen im vorangegangenen Abschnitt gezeigt
habe, stammt genau genommen nicht von Bell[48], sondern von
vier anderen Physikern, John Clauser, Michael Horne, Abner
Shimony und Dick Holt; deshalb wird der Ansatz auch CHSH
genannt.[49] Ich habe diese Variante ausgewählt, weil sie meiner
Meinung nach auf dem direktesten Weg zum Beweis des Theorems führt. Es bleibt aber eine Geschmackssache – in seinen
gefeierten Aufsätzen für das allgemeine Publikum entschied sich
Mermin für ein Bell'sches Theorem, das *drei* dichotome Messungen pro Teilchen beinhaltet.[50] Andere Theoreme vom Bell'schen
Typ arbeiten mit noch mehr Messungen pro Teilchen, mit nicht
dichotomen Messungen oder betrachten sogar Korrelationen
zwischen mehr als zwei Teilchen. Die Essenz aller dieser Varianten aber ist dieselbe: Wir nehmen an, dass die Korrelationen an
der Quelle entstehen, wir formulieren eine Ungleichung (nach
dem Muster „S muss kleiner oder gleich 2 sein") und weisen
dann nach, dass die *Quantentheorie eine mögliche Verletzung
dieser Ungleichung vorhersagt.* Für drei und mehr Teilchen gibt
es außerdem noch ein andersartiges Theorem[51], das nicht auf
Ungleichungen beruht und mit dessen Hilfe man einen Widerspruch zwischen der Quantentheorie und der Hypothese der
Entstehung der Korrelationen an der Quelle zeigen kann. Die
Idee hatte Daniel Greenberger in Zusammenarbeit mit Horne
und Zeilinger; deswegen heißt der Ansatz GHZ. Da er ebenso

leicht nachzuvollziehen ist, kann sich jeder Leser, der sich ausführlicher mit diesem Thema befassen will, daran üben.

Drittens: Zwei terminologische Fragen kann ich an dieser Stelle nicht unerwähnt lassen. Bei der Diskussion des Bell'schen Theorems fällt oft der Begriff *Nichtlokalität*. Manche Leute mögen ihn nicht, wahrscheinlich, weil er darauf hindeutet, dass Kommunikation irgendeiner Art stattfindet. Interessanterweise ist ein viel problematischerer Begriff weitaus besser akzeptiert: Um auszudrücken, dass die Präparation an der Quelle nicht ausreicht, um Quantenkorrelationen zu erklären, sagt man häufig, die Quantenphysik sei unvereinbar mit dem *lokalen Realismus*. Dieser Ausdruck erscheint jedem fragwürdig, der enger mit der Philosophie in Kontakt kommt.[52] Beide Begriffe sind letztlich ungefährlich, solange jedem, der sie benutzt, klar ist, was sie bezeichnen; aus dem Kontext gerissen, können sie offenbar auf absurde Abwege führen.

Fassen wir zusammen: Bells Idee regte die Theoretiker zu vielfältigen Arbeiten an und zog unzählige Debatten über die Interpretation der Quantenphysik nach sich. Der wichtigste Punkt aber ist: Bells Kriterium ist quantitativ. Es lässt eine experimentelle Entscheidung zwischen der Hypothese der Entstehung von Korrelationen an der Quelle und den Vorhersagen der Quantentheorie zu. Bevor wir uns ansehen, welche Experimente in diesem Umfeld tatsächlich ausgeführt wurden, verschaffen wir uns einen kurzen historischen Überblick zur Debatte über die Quantenkorrelationen.

7.2 Eine kurze Geschichte der Quantenkorrelationen

7.2.1 Einstein-Podolski-Rosen und die Nichtlokalität

In Kapitel 2 haben wir über erste Hinweise gesprochen, durch die zu Beginn der 1920er Jahre Physiker der Quantenmechanik auf die Spur kamen. Erst 1926 brachten Heisenberg und Schrödinger die Grundzüge der neuen Theorie in die Form, in der wir sie heute noch kennenlernen. Wissenschaftshistoriker sprechen, wenn sie die Teilergebnisse vor 1926 meinen (Plancks Spektrum der Hohlraumstrahlung, Bohrs Modell des Wasserstoffatoms usw.), von der „alten" Quantentheorie. Dazu zählen auch zwei bedeutende Arbeiten von Einstein – die Erklärung des photoelektrischen Effekts anhand von Lichtquanten (später *Photonen* genannt) und die Untersuchung der Lichtemission bei der Relaxation von angeregten Atomen, die Basis der Laserphysik.

Sobald aber die Quantentheorie in eine konkrete Form gegossen war, brachte Einstein seine Skepsis offen zum Ausdruck. Er maß der Theorie einen provisorischen Wert zu, wollte sie aber nicht als ultimative, die Naturphänomene wirklich am besten beschreibende Lehre akzeptieren. Viele Jahre lang versuchte Einstein den Schwachpunkt der Quantentheorie zu finden; Versuche, Aufgabe und erneute Anstrengungen wechselten einander ab.[53]

In diesem Kontext und in Zusammenarbeit mit Boris Podolski und Nathan Rosen entstanden ist 1935 eine Arbeit[54], die als *EPR-Argument* (manchmal fälschlicherweise als EPR-Paradoxon bezeichnet) in die Geschichte einging. In diesem Artikel wird erstmals darauf hingewiesen, dass die Quantentheorie instantan (augenblicklich) zwischen zwei voneinander entfernten Teilchen erzeugte Korrelationen voraussagt. Für den Schöpfer der Relativitätstheorie, die auf dem Prinzip aufbaut, dass alle Kommunikation langsamer vonstatten gehen muss als mit Lichtgeschwindigkeit, muss der Grund einer solchen Aussage die Unvollständigkeit des theoretischen Gebäudes sein. Den Fehlschluss der Quantentheorie sieht Einstein deshalb in der Vorhersage einer Form der *Nichtlokalität*, eines korrelierten Verhaltens zweier Objekte, die nicht miteinander kommunizieren können.

7.2.2 Schrödinger und die Nichtseparierbarkeit

Die Nichtlokalität im EPR-Argument ist überzeugend; sie rührt an die Begriffe Raum und Zeit. Als Verteidiger der Quantenphysik im Namen seines Komplementaritätsprinzips meldet sich daraufhin sofort Bohr zu Wort.[55] Auch Erwin Schrödinger, wie Einstein skeptisch hinsichtlich der neuen Theorie und auf der Suche nach ihrem Schwachpunkt, wendet seine Aufmerksamkeit der Quantenbeschreibung von Mehrteilchensystemen zu. Er legt dabei den Finger[56] auf ein Problem, das viel schwieriger zu erfassen ist als die Nichtlokalität und gleichzeitig grundsätzliche Auswirkungen auf unsere Wahrnehmung der physikalischen Welt besitzt: Er brachte die Quantenkorrelationen in Zusammenhang mit dem Konzept der *Nichtseparierbarkeit*. Die technische Beschreibung dieses Begriffs lautet: Zwei Teilchen können sich in einem Zustand befinden, in dem sie nicht mehr einzeln charakterisiert werden können – nur die Eigenschaften des Gesamtsystems sind definiert. Um diese Aussage zu verstehen, wollen wir sie näher unter die Lupe nehmen.

Wir haben zwei Teilchen – zwei „Massen", zwischen die wir, wie schon gezeigt, eine große Entfernung bringen können. Das ist wichtig: Schrödingers Nichtseparierbarkeit meint nicht etwa eine Art Verschmelzung oder chemische Verbindung der Massen (eine energetische Kopplung, die die Trennung der Massen erschwert). Die Nichtseparierbarkeit macht sich nur auf der Ebene der Eigenschaften bemerkbar:

- *Das aus zwei Teilchen bestehende Gesamtsystem besitzt wohldefinierte Eigenschaften.* Beispielsweise zeigen der Spin von Teilchen A und der Spin von Teilchen B in einander entgegengesetzte Richtungen. „Entgegengesetzt" zu sein, ist eindeutig eine Eigenschaft eines Teilchen*paares*; eine ähnliche Eigenschaft („gleichzeitig gemessen") ist uns schon bei der Diskussion des Franson-Interferometers begegnet.

- *Für jedes Teilchen einzeln ist die Eigenschaft nicht wohldefiniert.* Messe ich die Richtung des Spins von Teilchen A, kann ich jedes beliebige Resultat erhalten.

Aus dem Alltag kennen wir keine vergleichbare Situation. Wenn wir sagen „die beiden Autos fahren in entgegengesetzte Richtungen", dann heißt das, jedes Auto fährt in seine (wohldefinierte) Richtung und zufällig sind die beiden Richtungen einander entgegengesetzt. Geben wir nur an, dass die Richtungen entgegengesetzt sind, dann verschweigen wir in der klassischen Welt einen Teil der Information, denn wir hätten eine Aussage über beide Richtungen einzeln treffen können; der Fakt der Gegensätzlichkeit folgt dann einfach aus diesen spezifischen Richtungen. In der Quantentheorie hingegen kann man „rein relative" Eigenschaften definieren, die sich nicht aus individuellen Eigenschaften ergeben. Das hängt mit der in Kapitel 2 erwähnten Unmöglichkeit zusammen, Eigenschaften von Quantenteilchen mithilfe der Mengenlehre zu beschreiben.[57] Um seinen Kollegen begreiflich zu machen, worum es ihm hier geht, erdachte Schrödinger sein berühmtes Gedankenexperiment mit der Katze[58].

Für nicht separierbare Zustände prägte Schrödinger die Bezeichnung *verschränkt*. Wer naturwissenschaftliche Zeitschriften liest, wird rasch darauf stoßen, denn die Verschränkung (englisch *entanglement*) gehört zu den momentan lebendigsten Forschungsgebieten.

7.2.3 Dreißig Jahre im Schrank

Zwei korrelierte Quantensysteme kann man nicht einzeln beschreiben (Schrödinger), gleichgültig, wie groß die Entfernung zwischen ihnen ist (EPR). Aber *treffen diese Vorhersagen tatsächlich zu*? Können sich zwei räumlich voneinander getrennte Teilchen gegenseitig beeinflussen? Meiner Meinung nach ist das ein zentrales Problem ... trotzdem wurde es mehr als dreißig Jahre lang übergangen oder als „Interpretationsfrage", in den Augen vieler Physiker Synonym für „nutzlose Spekulation", abgetan.

Historisch gesehen mag das nicht überraschen. 1926 eröffnete die Quantenphysik gewaltige Perspektiven – sie ermöglichte die Vorausberechnung der Eigenschaften von Molekülen (gleichbedeutend mit einem Aufrollen der gesamten Chemie aus der Perspektive der Physik), die Vorhersage einer beträchtlichen Anzahl verschiedener „Teilchen" (und deren experimentelle Beobachtung), die Beschreibung elektrischer und thermischer Eigenschaften von Festkörpern ... Sie ebnete auch den Weg für die

Erfindung der Atombombe, und niemanden wundert es, dass viele große Physiker einen Beitrag zur Entwicklung dieser Waffe leisteten, mögen sie sich auch später angesichts ihrer verheerenden Wirkung davon distanziert haben.

Nach dem Krieg ist die Welt der Physik ebenso gespalten wie die politische Welt. Zum Mittelpunkt der westlichen Naturwissenschaft werden die Vereinigten Staaten, an der Spitze der Rangliste der Fachzeitschriften löst *Physical Review* die *Annalen der Physik* ab. Eine Atmosphäre macht sich breit, die mit *shut up and calculate* beschrieben wird. Niemand meint Zeit zu haben, sich hinzusetzen und in Ruhe zu überlegen. In den 1950er Jahren ist Abner Shimony, den wir als das „S" im CHSH-Argument kennengelernt haben, mit seiner Doktorarbeit beschäftigt. Eines Tages gibt ihm sein Betreuer zum Zeitvertreib den EPR-Artikel in die Hand mit dem Auftrag: „Lesen Sie das und finden Sie den Fehler." Man beachte die Formulierung – das EPR-Argument *musste* falsch sein, denn es widersprach der Theorie, deren Erfolge sich damals zugegebenermaßen Tag für Tag häuften. Shimony las die Arbeit und war fasziniert.[59] Sein Interesse an Korrelationen zwischen räumlich getrennten Teilchen ist seitdem nicht mehr geschwunden.

In erster Linie ist es John Bell zu verdanken, dass sich die Verschränkung aus dem Wirrwarr der Interpretationen löst und allmählich auf das Labor zusteuert. Bevor wir aber weiter von Bell sprechen, begegnen wir noch David Bohm, dessen Name den meisten Physikern im Zusammenhang mit der genialen Vorhersage einer Einteilchen-Interferenz ein Begriff ist, dem natürlich nach ihm und seinem Studenten und Mitarbeiter Yakir Aharonov benannten Aharonov-Bohm-Effekt. Bohms Interpretation der Quantenmechanik hingegen ist viel weniger bekannt, weil sie mit der orthodoxen Lehre nicht konform geht und deswegen keine Erwähnung in den Vorlesungen über Quantentheorie verdient. In Kapitel 9 werden wir darüber sprechen; Bohms Theorie der „Führungswelle" ist die am besten durchdachte alternative Interpretation und zudem sehr aufschlussreich, wenn es um die problematischen Aspekte der

Quantenmechanik geht. An dieser Stelle soll Bohms Beitrag zum EPR-Argument erwähnt werden, der eher technischer Natur ist: Bohm formulierte das EPR-Argument für die Spins zweier Teilchen, während sich Einstein, Podolski und Rosen auf dynamische Orts- und Impulsvariable bezogen hatten. Bohms Schritt ist wichtig, weil der Spin im mathematischen Formalismus der Quantenphysik das einfachste mögliche System ist. Die Vereinfachung bahnte Bell den Weg.

7.2.4 John Bell

Ernsthaft und eher zurückhaltend war John Bell auf einem etablierten Forschungsgebiet (als Elementarteilchenphysiker am CERN in Genf) tätig. Seine wichtigste Arbeit aber legte er zum „philosophischen" Problem der Quantenkorrelationen vor. Wie weiter oben schon erwähnt wurde, bestand sein erster Schritt darin, von Neumanns Theorem allgemeiner zu fassen. Dann konstruierte er ein explizites Modell der lokalen Variablen einzelner Quantenteilchen. Anschließend wollte er dieses Modell auf zwei Teilchen erweitern ... und endete bei einem eigenen Theorem der Unmöglichkeit. Wird es eines Tages ebenso scheitern wie das Von-Neumann-Theorem? Das ist äußerst unwahrscheinlich (meiner Meinung nach völlig ausgeschlossen). Von Neumanns Theorem wurde seinerzeit nahezu kritiklos akzeptiert, Bells Theorem hingegen wird seit vierzig Jahren intensiv erforscht und widerstand bisher jedem Angriff – abgesehen davon, dass es, wie in diesem Buch bereits gezeigt wurde, nicht schwer zu formulieren ist.

Wäre es nach seinen philosophischen Vorlieben gegangen, hätte Bell lieber ein Modell mit lokalen Variablen gefunden, das die Quantenphysik in ihrer Gesamtheit reproduziert; *a priori* gab er dem „lokalen Realismus" den Vorzug. Er stellte sich aber ehrlich den Konsequenzen seines Theorems und der nachfolgenden Experimente. Durch seinen frühen Tod erlangte er Kultstatus. In den Erinnerungen derer, die ihm begegnet sind, lebt er weiter.[60]

7.3 Zurück zu den Phänomenen

Wie wir nun wissen, sagt das Prinzip der Ununterscheidbarkeit
– das heißt, die Quantentheorie – für zwei Teilchen Korrelationen voraus, die durch folgende Merkmale gekennzeichnet sind:

1. Quantenkorrelationen verschwinden nicht, wenn man die Entfernung zwischen den Teilchen vergrößert. Deshalb können sie
   nicht durch den Empfang eines gemeinsamen Signals erzeugt
   werden.

2. Quantenkorrelationen verletzen die Bell'sche Ungleichung.
   Deshalb können sie auch nicht durch eine gemeinsame, an der
   Quelle fallende Entscheidung entstehen.

Anders ausgedrückt: Wenn die Quantentheorie korrekt ist, können Korrelationen durch keinen der beiden Mechanismen erklärt werden! Ist die Quantentheorie aber korrekt? Bleiben
Korrelationen über große Entfernungen hinweg bestehen? Verletzen sie die Bell'sche Ungleichung? Höchste Zeit, ins Labor
zurückzukehren.

·8·

Orsay, Innsbruck, Genf

8.1 Die Experimente von Aspect (1981/82)

„Sind Sie fest angestellt?" Der junge Alain Aspect, zu Besuch bei John Bell in Genf, war einen Moment sprachlos. Für seine Doktorarbeit hatte er sich ein ehrgeiziges Ziel gesteckt: Im Optik-Labor der Université Paris-Sud wollte er Korrelationen zwischen zwei Teilchen messen und untersuchen, ob die Bell'sche Ungleichung verletzt wird. Ehrgeizig, fürwahr. Nur sortieren Naturwissenschaftler die Bell'sche Ungleichung und die Nichtlokalität in die Rubrik „Philosophie" ein. Bells Sorge um die Zukunft des jungen Mannes, der da vor ihm stand, war deshalb durchaus berechtigt, denn Aspect riskierte, dass ihn niemand mehr recht ernst nehmen würde, wenn er sein Vorhaben in die Tat umsetzte. Daher: „Sind Sie fest angestellt?" Doch, Aspect hatte eine unbefristete Stelle, ein geringes, aber garantiertes Einkommen – er riskierte nichts als seinen Ruf. Er ließ sich nicht abhalten, und er wurde belohnt. Aspect promovierte und sollte sogar erleben, dass die Kollegen seine Versuche als „Aspect-Experimente" bezeichnen mit einer Wertschätzung, die durchaus nicht selbstverständlich ist.

8.1.1 Die ersten Experimente

Als Aspect seine Doktorarbeit in Angriff nahm, waren in den Vereinigten Staaten bereits einige Versuche zur Quantenkorrelation ausgeführt worden. Die Ersten waren 1972 Freedman und Clauser in Berkeley (Kalifornien); ihr Experiment wurde von Clauser selbst, dann von Holt in Harvard und schließlich von Fry und Thomson in Texas einige Jahre später wiederholt. In Kalifornien und Texas schien die Bell'sche Ungleichung verletzt, an der Ostküste hingegen die Quantenhypothese widerlegt zu werden. Die Interpretation der Ergebnisse war kompliziert; die Zweifel blieben. Aspects erste Experimente[61], bei denen er 1981 mit Philippe Grangier und Gérard Roger zusammenarbeitete, zeigten unwiderlegbar die Existenz von Quantenkorrelationen, die die Bell'sche Ungleichung verletzen.

Alle diese Versuche fanden mit Anordnungen statt, in denen ununterscheidbare Alternativen durch Modifikation nicht der Weglänge wie im Franson-Interferometer[62], sondern der *Polarisation* von Photonen erzeugt wurden. Die Polarisation ist ein Freiheitsgrad ähnlich dem Spin, dem wir im Zusammenhang mit dem Neutron begegnet sind. Die Quelle sendet zwei Photonen *entgegengesetzter Polarisation* aus, aber die Polarisationsrichtung des einzelnen Photons ist nicht definiert. Es handelt sich also wieder um eine Paareigenschaft („entgegengesetzt"), wie stets, wenn wir Interferenz in den Korrelationen beobachten wollen.

8.1.2 Das Lokalitäts-Schlupfloch

Dass die Franzosen die Beobachtungen von Clauser und Fry bestätigen und verfeinern konnten, bedeutet, Holt hat einen Fehler gemacht. Die Debatte über die Nichtlokalität ist jedoch noch nicht abgeschlossen; es bleiben zwei Schlupflöcher (*loopholes*), die verhindern, dass wir die Nichtlokalität als experimentell bewiesen ansehen können: das *Lokalitäts-Schlupfloch* und das *Detektions-Schlupfloch*. Wir wenden uns zunächst dem Ersteren zu.

Das Lokalitäts-Schlupfloch ist folgendermaßen zu erklären: Wie wir gesehen haben, entstehen der Quantentheorie zufolge Korrelationen in Teilchenpaaren auch über große Entfernungen hinweg, wenn die Teilchen *ein und desselben Paares* nicht miteinander kommunizieren können, sofern die Kommunikation langsamer als mit Lichtgeschwindigkeit vonstatten geht. Eine Messung der Korrelation ist aber stets statistischer Natur; man muss *sehr viele Teilchenpaare* einzeln in die Messanordnung schicken, um ein aussagekräftiges Ergebnis zu erhalten. Wenn sich aber der Aufbau der Anordnung im Laufe des Experiments nicht ändert, dann sind nach der Zeit, die Licht braucht, um den Versuchsaufbau zu durchfliegen, im Prinzip Informationen über die Details des Apparats verfügbar. Die nachfolgenden Paare könnten eine Botschaft empfangen und müssten sich dann lediglich an die Quantenregeln halten.

Dieses Argument mögen Sie ein wenig künstlich finden, aber Sie dürfen nicht vergessen, was auf dem Spiel steht: Wir beobachten Korrelationen, die sich auf Anhieb weder durch eine zweckdienliche Präparation (wegen der Verletzung der Bell'schen Ungleichung) noch durch den Austausch einer Nachricht (wegen der Entfernung) erklären lassen. Es ist verständlich, dass wir uns nun fragen, ob die erste Analyse vollständig war und ob wir tatsächlich keine Möglichkeit hatten, uns auf eine traditionelle Erklärung zurückzuziehen. Da kein Zweifel an der Verletzung der Bell'schen Ungleichung besteht, bleibt uns nichts anderes übrig, als die Übermittlung einer Nachricht in Erwägung zu ziehen.

Wie bereits beschrieben wurde, muss man, um eine Verletzung der Bell'schen Ungleichung zu beobachten, Korrelationen in vier verschiedenen Konfigurationen untersuchen, die wir mit (A,A), (A,B'), (A',B) und (A',B') bezeichnet haben. Bei allen oben erwähnten Versuchen maßen die Physiker zunächst die Korrelationen einer Konfiguration, wechselten dann das Interferometer, bestimmten die Korrelationen der nächsten Konfiguration und so fort. Wenn man so vorgeht, bleibt das Lokalitäts-Schlupfloch offen. Um es zu schließen, muss man die Interferometer im laufenden Experiment austauschen, also während der Emission der Teilchenpaare. Arbeitet man schnell genug und wählt die Reihenfolge der Interferometer zufällig aus, dann kann ein gegebenes Teilchenpaar nicht wissen, auf welches Interferometer es treffen wird – es kann also nichts mit den eventuell verfügbaren Informationen über den Aufbau zuvor gewählter Apparate anfangen. Anders ausgedrückt: Um das Lokalitäts-Schlupfloch zu schließen, greifen wir die Idee auf, die wir im vorangegangenen Kapitel besprochen haben. Alice und Bob durften die Art ihrer Messung dort erst festlegen, nachdem die Teilchen die Quelle verlassen hatten, und dabei mussten sie „frei" wählen (unabhängig voneinander und von jedem im Rahmen des Versuchs signifikanten Parameter).

Beim dritten Experiment[63] (1982) bauten Aspect und seine Mitarbeiter (Jean Dalibard und Phillippe Grangier) eine Vorrichtung in ihre Versuchsanordnung ein, die einen schnellen Wechsel des Analysators gestattete. An den Korrelationen änderte sich nichts. Der erste Rückschlag für das Lokalitäts-Schlupfloch! Dieser Versuch, inzwischen als *das* Aspect-Experiment bezeichnet, war es, der Feynman bei einem Vortrag am Caltech auf die Idee brachte, das im Prolog dieses Buches erwähnte Experiment vorzuschlagen. In diesem Moment begann die Mehrheit der Physiker bereits, die Nichtlokalität als Tatsache zu betrachten. Die technische Umsetzung des schnellen Apparatetauschs jedoch war in Orsay noch nicht ideal gelungen. Sechzehn weitere Jahre mussten vergehen, bis das Lokalitäts-Schlupfloch endgültig geschlossen werden konnte.

8.2 1998: Zwei weitere Experimente

In den Jahren, die auf das Orsay-Experiment folgten, wurden Quantenkorrelationen von mehreren anderen Arbeitsgruppen[64] beobachtet. Ich möchte, einige Ereignisse auslassend, unmittelbar zu den Experimenten von Innsbruck und Genf (1998) überleiten, die in gewissem Sinn die Krönung dieser Forschung darstellen.

8.2.1 Das Aspect-Experiment – perfektioniert

Wie überspringen 16 Jahre und 1000 Kilometer und befinden uns in Innsbruck, 1998. In der Stadt des Goldenen Dachs treffen wir Anton Zeilinger und seine Gruppe wieder, die gerade auf gepackten Koffern sitzen, um nach Wien umzuziehen, wo sie wohlgemerkt, der Leser wird sich erinnern, die Interferenz von C_{60}-Molekülen nachweisen werden.

Der von Zeilinger und seinen Mitarbeitern Gregor Weihs, Thomas Jennewein, Christoph Simon und Harald Weinfurter ausgeführte Versuch[65] kann als endgültige Version des Aspect-

Experiments von 1982 betrachtet werden. Zeilinger benutzte eine andere, effektivere Photonenquelle, als sie in Orsay gestanden hatte, und die emittierten Photonen pflanzten sich durch optische Fasern über den Campus der Universität Innsbruck bis zu den *400 Meter* entfernten Analysatoren fort. (Aspects gesamte Versuchsanordnung hatte sich in einem Labor befunden; der Abstand zwischen Quelle und Analysator belief sich deshalb nur auf wenige Meter.) Bei einem derart großen Abstand gelingt es mit ausgefeilter Elektronik, die Versuchsanordnungen so schnell in zufälliger Weise zu wechseln, dass kein Teilchen einen Nachfolger darüber aufklären kann, was ihm begegnen wird. Das Ergebnis war unverändert. Das Lokalitäts-Schlupfloch ist geschlossen.

8.2.2 Korrelationen über zehn Kilometer Entfernung

Die Arbeit der Österreicher erschien in der Ausgabe der *Physical Review Letters* vom 7. Dezember 1998. Anderthalb Monate zuvor, am 26. Oktober, las man hier einen Bericht über ein anderes Experiment zur Quantenkorrelation[66]; er stammte von Wolfgang Tittel, Jürgen Brendel, Hugo Zbinden und Nicolas Gisin. Wieder kam die Genfer Gruppe zum Zug – zwei Jahre, nachdem sie die Machbarkeit der Quantenkryptographie über eine Strecke von 20 km hinweg nachgewiesen hatten (1996), zeigten die Physiker, dass Quantenkorrelationen ebenso stabil sind und die Verletzung der Bell'schen Ungleichung auch über kilometerlange Entfernungen hinweg zu beobachten ist. Zeilingers Gruppe verlegte ein eigenes Glasfaserkabel auf dem Gelände der Universität Innsbruck; die Genfer hingegen holten sich bei einem schweizerischen Telekom-Betreiber die Erlaubnis, einige Stunden lang das (optische) Telefonkabel zwischen zwei Vermittlungsstellen nutzen zu dürfen. Am vereinbarten Tag verteilten sich die Physiker über die Stationen Cornavin (in der Genfer Innenstadt), Bernex und Bellevue (zwei abgelegene Vororte). In Cornavin installierten sie die Photonenquelle, in Bernex und Bellevue die Detektoren (die Anordnung ist ein Franson-Interferometer). Hinsichtlich der Nichtlokalität ist vor allem der Abstand zwischen Bellevue und

Bernex von Bedeutung, es sind 10,9 km Luftlinie. Die Korrelationen verletzten die Bell'sche Ungleichung ebenso eindeutig wie in den Experimenten von Innsbruck.

Die Genfer Physiker hatten sich nicht bemüht, besonders schnell zwischen einzelnen Detektoren hin- und herzuschalten. Ihr Versuch sollte, im Gegensatz zum Innsbrucker, nicht das Lokalitäts-Schlupfloch schließen, sondern die Verletzung der Bell'schen Ungleichung über große Entfernungen hinweg nachweisen. Vermutlich sorgte dieses Experiment für die größte Aufregung. Im Jahr 2000 präsentierte die American Physical Society alle Meilensteine der Physik des 20. Jahrhunderts zusammengefasst auf zehn Postern. Die Ergebnisse von Genf sorgten dafür, dass Quantenkorrelationen einen Platz in dieser Chronik fanden.[67]

8.3 Ein sonderbares Argument

Vor uns liegen die Resultate mehrerer Experimente, ausgeführt von unabhängigen Forschergruppen, die sämtlich die theoretische Vorhersage bestätigen: Anscheinend haben wir alle notwendigen Argumente beisammen, um folgern zu können, dass die Quanteninterferenz voneinander entfernter Teilchen *experimentell erwiesen* ist. Die Mehrheit der Physiker schließt sich dem in der Tat an. Welche Bedenken könnte man jetzt noch hegen?

All dem zum Trotz wurde ein Einwand erhoben, der auf die Unvollkommenheit der Detektoren abzielt. Auch moderne Photonenzähler haben eine ziemlich begrenzte Effizienz – sie erfassen bestenfalls die Hälfte der eintreffenden Photonen (der Einfachheit halber bin ich hier sogar noch optimistisch). Damit Sie den strittigen Punkt verstehen – man nennt ihn das *Detektions-Schlupfloch* – stelle ich ein Beispiel aus dem Alltag voran.

Nehmen wir an, die Polizei misst mit dem Radar die Geschwindigkeit von nur der Hälfte der vorbeifahrenden Autos. Der Grund dafür könnte die Trägheit der Elektronik im Gerät sein; jeder Messung schließt sich eine Totzeit an, bevor das Gerät wieder einsatzbereit ist. Die Statistik der Verstöße ist ungeachtet dessen korrekt. Ein anderer Grund könnte aber sein, dass die Polizisten das Messgerät ungünstig aufgestellt haben, sodass es nur Autos „sieht", die eine bestimmte Höhe überschreiten. Flache oder gar tiefer gelegte Sportwagen entgehen der Kontrolle. In diesem Fall bleiben die Geschwindigkeitsverstöße aller Sportwagen unberücksichtigt und die Statistik wird gestört, weil Sportwagenpiloten überdurchschnittlich oft zu schnell fahren.[68]

So ähnlich muss man sich das Detektions-Schlupfloch vorstellen. Wie bereits gesagt, erfassen die modernen Detektoren weniger als die Hälfte der eintreffenden Photonen – das ist eine Tatsache. Nun können wir aber fragen, ob die gemessenen Photonen eine repräsentative Auswahl aller Photonen sind. Vielleicht sind sie das nicht; vielleicht aktivieren nur *bestimmte*, in geeigneter Weise „programmierte" Photonen unseren Detektor. Diese Photonen könnten, wird weiter argumentiert, darauf programmiert sein, die Bell'sche Ungleichung zu verletzen – sähen wir alle Photonen, dann wäre die Ungleichung nicht verletzt.

Um zu begreifen, wie verrückt dieses Schlupfloch ist, versetzen Sie sich zurück ins Physiklabor in Ihrer Schulzeit (oder im Studium). Hin und wieder haben Sie bei einem Versuch ein Ergebnis erhalten, das die Theorie *nicht bestätigt*. Ein Weilchen haben Sie den Fehler gesucht; hatten keinen Erfolg, dann haben Sie ins Protokoll irgendeine Bemerkung der Art „die Geräte sind zu ungenau" geschrieben. Um also die *Abweichung* des Experiments von der Theorie zu erklären, haben Sie die Messungenauigkeit bemüht. Das Detektions-Schlupfloch ist wohl der erste Fall in der Geschichte der Physik, in dem man die Ungenauigkeit der Messung als Begründung für die *perfekte Übereinstimmung* zwischen Theorie und Experiment angibt!

Wie John Bell kann auch ich kaum glauben, dass die präzisen Vorhersagen der Quantentheorie auf der geringen Effizienz der Detektoren beruhen sollen und dass die Theorie kläglich scheitern wird, wenn unsere Nachweisgeräte erst perfektioniert sind.[69] Dazu muss man auch wissen, dass es bereits heute nahezu ideal arbeitende Detektoren gibt (*Ionenfallen*), ohne dass die Quantenkorrelationen verschwinden. Experimente dieser Art schließen das Detektions-Schlupfloch; leider ist der Abstand zwischen den Teilchen (Ionen, das sind Atome, die ein oder mehrere Elektronen zuviel oder zuwenig besitzen) sehr gering und das Lokalitätsschlupfloch bleibt geöffnet.[70] Als dieses Buch geschrieben wurde, stand ein Experiment, das beide Schlupflöcher gleichzeitig schließt und so auch den letzten Skeptiker überzeugt, noch aus. Es gibt einige Vorschläge dazu – wenn Sie dieses Buch lesen, wurde das ultimative Experiment vielleicht schon ausgeführt. Die beiden Schlupflöcher werden verschwunden sein als letzte Zeugen der großen Diskussionen über Zweiteilchen-Korrelationen, die einst vom skeptischen Albert Einstein und vom orthodoxen Niels Bohr begonnen wurden.

8.4 „Experimentelle Metaphysik"

Daran, dass den Physikern so merkwürdige Argumente wie das Lokalitäts- und das Detektions-Schlupfloch eingefallen sind, sehen Sie, dass über Quantenkorrelationen durchaus rege diskutiert wird. Es wäre nicht schwierig, andere „experimentell verifizierte" Phänomene vorzuzeigen, für die tatsächlich viel weniger – und wesentlich weniger genaue – Daten verfügbar sind. Aber Physiker sind Menschen, und es liegt in der menschlichen Natur, schwer zu akzeptierende Zusammenhänge umso verbissener zu untersuchen.

Für Experimente zur Demonstration der Nichtlokalität à la Einstein-Podolski-Rosen und der Nichtseparierbarkeit à la Schrödinger prägte Shimony den Oberbegriff *Experimental-Metaphysik.*[71] Ist das übertrieben? Urteilen Sie selbst. Zweifellos erscheint die Materie jedem, der über Quanteninterferenzen von einem oder zwei Teilchen nachdenkt, ungewöhnlicher als zuvor vermutet. Man kann es so sehen: Durch die Enthüllung der Quantenphysik rächt sich die Natur für den Positivismus des neunzehnten Jahrhunderts. Die experimentelle Wissenschaft, von der man meinte, sie beseitige alle unsere Zweifel, stürzt uns von neuem in Überraschungen. Die Zeit ist reif für die Erörterung von Interpretationen.

·9·

Erklärungsversuche

9.1 Warum sind wir überrascht?

Während der Vorlesungen in Fribourg sowie bei Gesprächen mit anderen fachfremden Interessenten konnte ich feststellen, dass zwangsläufig dieselben Fragen gestellt werden, über die sich auch die Physiker selbst den Kopf zerbrechen: Können wir den Zufall als Aspekt physikalischer Phänomene akzeptieren? Liegt der Interferenz ein Mechanismus zugrunde, entstehen Korrelationen über Entfernungen hinweg durch den Austausch von Informationen? Dürfen wir angesichts der Nichtseparierbarkeit physikalischer Eigenschaften noch von unterscheidbaren Einheiten sprechen?

Wir haben das Bedürfnis, die Phänomene der Quantenwelt zu interpretieren, weil *das Prinzip der Ununterscheidbarkeit und einige seiner Konsequenzen uns Unbehagen bereiten.* Dieses Unbehagen kommt daher, dass wir dieses in der mikroskopischen Welt anscheinend allgegenwärtige Prinzip nicht aus dem alltäglichen Leben kennen und dass es unserer Wahrnehmung offenbar widerspricht – erinnern Sie sich an unser Spiel mit den Autos zu Beginn von Kapitel 2! Aus dieser Sicht lassen sich die Interpretationen in drei Kategorien einordnen:

- Diejenigen, die das Prinzip der Ununterscheidbarkeit an erste Stelle setzen – es ist nicht schlechter als andere Prinzipien, hinreichend klar formuliert und hinlänglich geprüft; sich darauf zu stützen ist nicht unvernünftig. Dies ist der orthodoxe Ansatz, den ich auch für dieses Buch gewählt habe. Die Schwierigkeit, die sich hier auftut, besteht darin, zu erklären, warum uns das Prinzip der Ununterscheidbarkeit nicht auch im Alltag begegnet. In der Antwort auf diese Frage (auch

Messproblem genannt), die ich hier nicht behandelt habe, unterscheiden sich die verschiedenen zu dieser Kategorie gehörenden Ansätze deutlich.

- Diejenigen, die das Prinzip der Ununterscheidbarkeit aus grundsätzlicheren Konzepten herleiten wollen, die nicht physikalischer Natur sind. Solche – ebenfalls orthodoxen – Ansätze sind an sich vielversprechend. In der Praxis endeten bisher alle derartigen Versuche allerdings mit dem Austausch des Prinzips der Ununterscheidbarkeit gegen etwas nicht weniger Abstraktes.

- Diejenigen, die das Prinzip der Ununterscheidbarkeit aus physikalischen Konzepten herleiten wollen, die besser mit unserer klassischen Alltagswelt vereinbart werden können. Dies ist die Spielwiese der unkonventionellen Ansätze, von denen wir bereits zwei scheitern sahen: den Heisenberg-Mechanismus (Kapitel 4) und die Modelle mit lokalen Variablen (Kapitel 7). Den einzigen ernst zu nehmenden Ansatz aus dieser Kategorie, die Theorie der Führungswelle von de Broglie und Bohm, werden wir im Laufe dieses Kapitels besprechen.

Über Fragen der Interpretation wurde und wird endlos debattiert. Es ist deshalb völlig ausgeschlossen, jedem Gedanken in diesem Buch Gerechtigkeit widerfahren zu lassen. Der interessierte Leser möge auf die reichlich vorhandene Literatur zurückgreifen.[72]

9.2 Der „orthodoxe" Ansatz

9.2.1 Eine zufriedenstellende Überlegung

Wie weiter oben gesagt, ist der Kern aller orthodoxen Ansätze in der Quantenphysik die Akzeptanz des Prinzips der Ununterscheidbarkeit.[73] Manchen Leuten mag das wie Faulheit klingen, Einstein beispielsweise, der die Aufgabe der Physik in der Enthüllung der *Mechanismen* sah, die den Phänomenen zugrunde liegen.[74] Wer eine Ausbildung in klassischer Physik genossen hat, kann die scheinbare Verrücktheit der Quantentheorie durchaus als Versagen empfinden. Versuchen Sie aber einmal, die Dinge folgendermaßen zu betrachten:

- Die Quantenphysik befähigt uns, geeignete physikalische Beschreibungen zu liefern, denn (i) wir haben eine große Klasse von Phänomenen, die zudem experimentell untersucht werden können, (ii) wir verfügen über ein strukturiertes mathematisches Modell, (iii) wir kennen Regeln der Entsprechung zwischen den Objekten der Theorie und den Daten des Experiments und (iv) bei der Anwendung dieser Regeln stellen wir eine hervorragende Übereinstimmung der Messergebnisse mit den theoretischen Vorhersagen fest.

- Aufgabe der Physik ist es nicht, herauszufinden, was die Dinge „sind", sondern wie sie „miteinander zusammenhängen". Die Verbindungen, die Beziehungen in der Quantenphysik aber sind präzise, selbst auf unterster Ebene: Der *Zusammenhang* zwischen Ununterscheidbarkeit und Interferenz ist bekannt. Zu ergründen, warum dieser Zusammenhang besteht, ist nicht Sache des Physikers.

Aus diesem Blickwinkel wirkt der orthodoxe Ansatz schon viel befriedigender. Die orthodoxe Sicht der Quantenmechanik besteht also schlicht darin zu akzeptieren, *dass die Physik nicht die Mechanismen beschreibt, sondern die Beziehungen* – genauer ausgedrückt, diejenigen Beziehungen, die sich zum Teil modifizieren und damit experimentell untersuchen lassen.[75] Alle Beziehungen, die von der Quantenphysik vorhergesagt werden, wurden experimentell erfolgreich nachvollzogen. Der Physiker ist zufrieden. Zwar hat sich der frühe Traum des Naturwissenschaftlers zerschlagen, alles aus intuitiven atomaren Mechanismen herleiten zu können, aber noch besteht Hoffnung, dass wir eines Tages die ganze Physik auf *weniger intuitive, aber bewiesene* Beziehungen zwischen den Bestandteilen der Materie zurückführen können.

Der Schwarze Mann der orthodoxen Interpretation ist ... unsere Alltagswelt! Wie ich betont habe, beschreibt die Quantenphysik eine *Vielzahl* physikalischer Phänomene adäquat, nur mit der Physik der ganz normalen Objekte kommt sie nicht zurecht. Dieses Problem haben wir in den vorangegangenen Kapiteln ausführlich diskutiert; seit Kapitel 3 wissen wir, dass nicht einmal klar ist, ob es überhaupt eine Grenze zwischen der klassischen und der Quantenwelt gibt. Diesem Thema wollen wir uns noch ein wenig widmen.

9.2.2 Bohrs Sicht

Den Anfang macht man üblicherweise mit *Bohrs Sicht* der Quantenmechanik[76], die „mikroskopische" und „makroskopische" Dinge unterscheidet: Mikroskopische Objekte unterliegen den Gesetzen der Quantenphysik und dem Prinzip der Ununterscheidbarkeit (oder Komplementarität, wie Bohr es genannt hat), während makroskopische Objekte, insbesondere Messgeräte, klassisch zu beschreiben sind. Bei einer Messung erfahren wir etwas und dabei verändern wir die Eigenschaften des Messobjekts. Sie erinnern sich an Kapitel 2: Wir können nicht herausfinden, welchen Weg ein Teilchen nimmt, ohne das Resultat nachfolgender Messungen zu beeinflussen. Vor der Messung *hatte* das Teilchen bestimmte Eigenschaften (zum Beispiel die Fähigkeit zur Interferenz bei gleichzeitiger Delokalisierung über mehrere Wege), nach der Messung hat das Teilchen bestimmte Eigenschaften *verloren*, dafür aber neue hinzugewonnen (es interferiert nicht mehr, bewegt sich jetzt aber auf einem definierten Weg). Diese plötzliche Änderung der Eigenschaften im Zuge des Messprozesses wird auch als *Kollaps* bezeichnet: Ein Satz Eigenschaften „kollabiert" in einen anderen Satz Eigenschaften. Betrachtet man diesen Kollaps als reales Geschehen, gerät man bald in Schwierigkeiten. Heutzutage halten die meisten Physiker den Kollaps für eine ungeeignete Beschreibung, obwohl (ähnlich wie die Hypothese der verborgenen Kommunikation mit Überlichtgeschwindigkeit) noch nicht alle entsprechenden Hypothesen endgültig widerlegt sind.[77] Anstatt mich hier auf eine leidenschaftliche Debatte über die Realität des Kollapses einzulassen, will ich aber lieber fortfahren und den Schwachpunkt der Bohr'schen Sicht identifizieren – der eigentlich ganz leicht zu finden ist: Die strikte Unterscheidung zwischen „kleinen" Quantenobjekten und „großen" klassischen Objekten ist willkürlich, umso mehr, als man annimmt, dass alle „großen" Objekte aus „kleinen" zusammengesetzt sind.

Fassen wir zusammen: Bohrs Sicht ist zwar mit unserer Erfahrung vereinbar, scheint aber inkonsistent zu sein. Kann man das Problem auch konsistent lösen? In der Tat; Everett war der Erste, der die Lösung fand.[78]

9.2.3 Everetts Sicht

Der in erster Linie von Everett entwickelten (orthodoxen) Sicht der Quantenphysik zufolge besteht die ganze Welt aus Quanten. Dieser Ansatz ist intrinsisch schwer zu begreifen: Finden wir das Quantenverhalten schon für Elementarteilchen verrückt, wie können wir uns dann eine Welt vorstellen (uns selbst inbegriffen), die sich nach diesem Muster verhält? Everetts Ansatz ist zumindest in sich konsistent und deshalb attraktiv. Stellen Sie sich ein Teilchen vor, das vor der Messung zwischen den Orten A und B delokalisiert ist. Bisher hat kein Detektor angesprochen und der Physiker wartet, dass etwas geschieht. Für die Messung selbst gibt es nun die Möglichkeiten p_A und p_B („der Detektor in Weg A bzw. B hat ein Teilchen registriert", ergo hat der Physiker das Teilchen „auf Weg A bzw. B gemessen"). Daran ist nichts Bemerkenswertes. Nun aber fährt Everett fort: Es stimmt gar nicht, dass eine der Varianten p_A und p_B gemessen wurde – in Wirklichkeit ist das gesamte Universum zwischen beiden Varianten „delokalisiert"![79] In Everetts Augen beruht unsere (Quanten-)Welt auf dem Aufbau von Beziehungen, die durch die Quantenphysik beschrieben werden.

Schrödinger kam schon sieben Jahre vor Everett zum gleichen Schluss. Seine berühmt gewordene Katze spielt die Rolle des Messgeräts, das nachweist, ob ein Photon emittiert wurde und die Explosion einer Bombe auslöste. Die Varianten A und B lauten dann „Photon nicht emittiert, Katze lebt" und „Photon emittiert,

Katze tot". Wie in Kapitel 7 schon bemerkt wurde, wollte Schrödinger mit diesem Beispiel zeigen, wie absurd diese Beschreibung
ist. Sie klingt absurd, in der Tat, aber sie ist konsistent.

Wie der Kollaps wurde Everetts Sicht ausführlich diskutiert.
Ich überlasse es dem interessierten Leser, sich weiter damit zu befassen. Manche Physiker gehen noch weiter als Everett: Nicht *das*
Universum ist zwischen p_A und p_B delokalisiert, sondern p_A und
p_B finden in *verschiedenen* Universen statt! Mit anderen Worten:
Bei jeder Wechselwirkung entstehen so viele Paralleluniversen,
wie es Möglichkeiten des Ausgangs gibt. Meiner Meinung nach
ist dies kein orthodoxer Ansatz zur Interpretation der Quantenphysik mehr, weil unbeobachtbare Elemente auftreten, nämlich
alle Universen, derer ich mir nicht bewusst bin.[80] Man nennt dies
die „Viele-Welten-Interpretation", gelegentlich wird der Begriff
auch für Everetts Sicht insgesamt verwendet.

Mit den Ansätzen von Bohr und Everett kennen wir die Kernpunkte der orthodoxen Interpretation der Quantenmechanik.
Beschäftigen wir uns nun mit den restlichen Theorien.

9.3 Alternativen

An zweiter Stelle in meiner Liste standen die Ansätze, in denen
versucht wird, das Ununterscheidbarkeitskriterium aus grundsätzlicheren, nicht physikalischen Prinzipien herzuleiten. Dazu
gehört unter anderem „Quantenlogik"-Schule. Kurz gestreift haben wir das Gebiet der Quantenlogik in Kapitel 2, als wir erkannt
haben, dass die Eigenschaften eines Quantensystems (im Gegensatz zu denen einer Menge klassischer Objekte, etwa Autos) nicht
durch die Regeln der Mengenlehre miteinander verknüpft sind.
Als ein Beispiel betrachten wir einen quantenlogischen Ansatz
der Genfer Schule, vertreten durch Josef Jauch und Constantin
Piron.

Piron zeigte, dass sich das Ununterscheidbarkeitskriterium
aus fünf Axiomen *herleiten* lässt. Die ersten drei Axiome entsprechen einer Formalisierung der folgenden beiden Postulate:

(I) Gewinnt ein physikalisches System eine Eigenschaft, dann verliert es zwingend eine andere. Ein gewöhnliches Beispiel: Gewinne ich die Eigenschaft „sitzend", dann verliere ich die Eigenschaft „stehend", die ich vorher besessen habe. Bei Quantensystemen haben wir gesehen, dass die Eigenschaft „zeigt Interferenz" gegen die Eigenschaft „befindet sich auf einem bestimmten Weg" eingetauscht werden kann. (II und III) Zu jeder Eigenschaft gehört eine entgegengesetzte Eigenschaft. Das bedeutet einfach, wenn „sitzend" eine Eigenschaft ist, ist auch „nicht sitzend" eine Eigenschaft. Solche Postulate akzeptieren wir viel leichter als das Ununterscheidbarkeits-Kriterium; wie schön wäre es, könnten wir das Prinzip aus derart anschaulichen Postulaten herleiten. Leider nehmen die Dinge mit den Postulaten IV und V eine ungünstige Wendung; diese haben die Form streng mathematischer Forderungen[81], die trotz verschiedener Bemühungen weder Piron noch ein anderer Mitstreiter seiner Schule in einfacher Weise interpretieren konnte. Jetzt stehen wir vor der Wahl: Entweder akzeptieren wir *alle fünf* Axiome (dann ist das Prinzip der Ununterscheidbarkeit nicht mehr die Grundlage, sondern eine Konsequenz), oder wir bewundern die bemerkenswerte Leistung der Genfer Schule, setzen das Prinzip der Ununterscheidbarkeit aber weiterhin an erste Stelle, wie ich es in diesem Buch getan habe.

Die Quantenlogik ist ein Exempel einer wesentlich weiter gefassten Klasse von Interpretationen, denen eines gemeinsam ist: Sie gleiten rasch in tiefere erkenntnistheoretische Diskussionen ab. Sie alle sind mit dem orthodoxen Ansatz vereinbar und räumen ein, dass wir nicht viel aussagen können, solange wir uns auf die Rahmenbedingungen der Physik beschränken. Im Prinzip ist es eine sehr vernünftige Idee, das Rätsel der Quantenwelt durch einen entschlossenen Blick über die Grenzen der Physik hinaus zu lösen; meiner Meinung nach wurde das Vorhaben aber noch nie wirklich befriedigend in die Tat umgesetzt. Die überraschende oder „unverständliche" Seite des Prinzips der Ununterscheidbarkeit verschwindet nicht, sondern wird einfach verlagert – ob nun in erkenntnistheoretische Hypothesen oder Pirons Axiome.

9.4 Die mechanistische Interpretation der Führungswellen

Von allen unorthodoxen Ansätzen möchte ich nur den vollständigsten und erfolgreichsten vorstellen – die Theorie der „Führungswellen", ausgearbeitet von Louis de Broglie und aufgegriffen von David Bohm.

In den ersten Kapiteln dieses Buches haben wir erlebt, dass sich Quantenpartikel manchmal teilchenähnlich verhalten (jedes Teilchen lässt nur einen Detektor ansprechen) und manchmal wellenähnlich (Interferenz). De Broglie hatte die geniale Idee, zu untersuchen, ob vielleicht *sowohl Teilchen als auch Welle physikalisch real ist.* Klarer formuliert: Quantenteilchen könnten gut lokalisierte Partikel sein, deren Bewegung von einer Welle gesteuert wird. Diese *Welle* erprobt alle möglichen Wege, und die Modifikation der Eigenschaften dieser Welle wirkt sich auf die „Entscheidung" aus, die das zugehörige Teilchen am Strahlteiler trifft. Denken Sie an einen Korken, der flussabwärts an einer Insel vorbeischwimmt. Mit Sicherheit passiert der Korken die Insel nur auf einer Seite; sein Weg nach der Insel wird aber auch von dem Wasser beeinflusst, das auf der anderen Seite der Insel vorbeigeströmt ist. Analog stellen Sie sich die Erklärung des Young'schen Doppelspaltversuchs anhand der Führungswelle vor.

Wenn das alles so simpel wäre, würde jeder Physiker diese Erklärung akzeptieren, die Quantenphysik wäre eine Spielart der Fluidmechanik und dieses Buch gäbe es nicht. Erstens: Im Gegensatz zu Wasser transportiert die hypothetische Quantenwelle keine Energie. In der Tat könnte man eine solche Welle nicht beobachten – und wieder haben wir eine Interpretation, die nicht ohne ein unbeobachtbares Element auskommt. Zweitens: Die Führungswelle ist keine dreidimensionale Welle im Raum wie eine Wasser- oder Schallwelle. Um dies zu verstehen, erinnern Sie sich einfach daran, dass es bei der Interferenz auf einen Unterschied nicht nur der *Weglängen*, sondern überhaupt eines messbaren Parameters ankommt (im Rauch-Experiment ist es der Spin, im Experiment von Konstanz der energetische Zustand, bei Aspect die Polarisation). Die Führungswelle müsste also auf Modifikationen jedes möglichen Parameters reagieren, wenn sie tatsächlich für die Interferenz verantwortlich sein soll. Drittens: Obwohl die Führungswelle eine Beschreibung der Einteilchen-Interferenz mit verborgenen Parametern zulässt, ist das Bell'sche Theorem nicht zu schlagen. Um Quantenkorrelationen über große Entfernungen hinweg zu erklären, muss man postulieren, dass jede Operation an einem Teilchen unverzüglich auf die Welle des anderen Teilchens wirkt.[82] Anders ausgedrückt: Die Führungswelle ist eine verborgene *nichtlokale* Variable.

Die Theorie der Führungswelle ist weder lächerlich, noch widerspricht sie einer anderen physikalischen Theorie direkt. Insbesondere laufen die augenblicklichen Modifikationen der Welle nicht der Relativitätstheorie zuwider, weil die Wellen weder beobachtet noch zur Übertragung eines Signals mit Überlichtgeschwindigkeit benutzt werden können. John Bell nahm die Führungswelle ernst. Einstein selbst setzte seinem Biographen Abraham Pais zufolge große Hoffnungen in de Broglies Idee, äußerte sich aber in keiner Arbeit zu diesem Thema. Dieses Stillhalten ist sicherlich von Bedeutung.[83]

9.5 Bemerkungen zum Ausgleich

9.5.1 Zufall und Determinismus

Über die Interpretation der Quantenphysik herrscht unter den Fachleuten keine Einigkeit.[84] Das war einer der Punkte, den die Studenten in Fribourg aus meinen Vorlesungen mitnehmen sollten. Einer von ihnen erinnert mich noch einmal an den Aspekt des Zufalls, zu dem ich mich vorher nicht weiter geäußert hatte. Inzwischen wissen wir, dass die Bedeutung des Begriffs „Zufall" im Kontext der einzelnen Interpretationen ergründet werden muss. Aus Bohrs Sicht ist das Ergebnis einer Messung *objektiv* zufällig[85]: Vor der Messung ist das Resultat intrinsisch unbestimmt – selbst jemand, der den Gesamtzustand des Universums kennt, könnte es nicht vorhersagen. Everett hingegen sieht in einer einzelnen Messung keine Zufälligkeit, sondern nur den Aufbau von Beziehungen; wiederholt man die Messung sehr oft, dann stellt sich in fast allen Fällen (allen „Welten") heraus, dass die Abfolge der Resultate den von der Quantentheorie vorausgesagten Wahrscheinlichkeiten entspricht. Bei Bohm ist der Zufall etwas Subjektives: Er entsteht, weil die Führungswelle uns nicht zugänglich ist, so wie wir die Landung einer geworfenen Münze nicht steuern können, weil es uns unmöglich ist, alle sinnvollen Parameter unter Kontrolle zu bringen. Die Studenten sind jetzt froh, dass ich sie mit all dieser Komplexität nicht gleich zu Beginn der ersten Veranstaltung erstickt habe ... Noch einen letzten Punkt will ich ansprechen.

Manche Leute sagen, durch die Quantenphysik sei der Zufall an die Stelle des Determinismus getreten. Diese Behauptung ist „vernünftig", aber sie hält nicht lange stand. Nehmen wir an, Sie seien ein strikter Verfechter des Determinismus (was für mich nicht gilt) und davon überzeugt, dass alle Details der Geschichte des Universums bereits in Stein gehauen seien und nun einfach nach und nach abliefen. Insbesondere war dann auch vorherbestimmt, dass Sie sich „entscheiden", eine Quantenmessung vorzunehmen, deren Resultat ebenfalls schon feststeht. Wie bereits erwähnt wurde, wird durch diese Sicht der Dinge das Bell'sche Theorem gegenstandslos – die fertige Weltgeschichte wäre dann eine riesige nichtlokale verborgene Variable, die alles erklärt. Und das ist noch die geringste Unbequemlichkeit; der Verlust jeglicher Form menschlicher Freiheit ist eine viel dramatischere Konsequenz. Wir sehen, dass die Quantenphysik letztlich keine Antwort auf die Frage nach der Welt an sich geben kann. Tatsache ist aber: Sobald Sie von einer vernünftigen Entscheidungsfreiheit ausgehen (insbesondere der Freiheit zu entscheiden, ob Sie einen Quantenzustand präparieren und daran eine gegebene Messung vornehmen möchten), dann haben Sie in der Regel keine Kontrolle über den Ausgang des Experiments. Akzeptieren Sie „Indeterminismus" für den Menschen, dann müssen Sie auch der Natur eine Art „Indeterminismus" zugestehen.[86]

9.5.2 Meine Ansicht

„Und Sie, was halten Sie von alldem?" Eine höchst berechtigte Frage, in der Tat! Nun, ich halte es für wichtig, die Grundzüge der Interpretationsdebatten zu verstehen, aber sicherheitshalber sollte man davon Abstand nehmen, sein ganzes Leben diesem Thema zu widmen. Bedenken Sie, dass die Physiker (abgesehen von ein paar „Propheten") die zentrale Bedeutung der Verschränkung erst in den, sagen wir, letzten zwanzig Jahren erkannt haben. Bedenken Sie außerdem, dass die Quantenphysik tief zerstritten ist mit der Gravitation (Allgemeine Relativität, Raumzeit usw.). Niemand weiß im Moment, wie man die beiden Theorien miteinander versöhnen könnte, weil für alle normalerweise beobachteten Phänomene nur eine von ihnen eine Rolle spielt. Wir können deshalb unsere Vorhersagen treffen, ohne uns um die jeweils andere zu kümmern. Aber die Spannung ist da.[87] Um konkret zu sein: Falls Quantenteilchen eine andere als unsere gewohnte Raumzeit „spüren", dann sind Interferenz und Verschränkung vielleicht gar nicht so erstaunlich, sondern ganz natürlich zu erklären! Erst wenn es gelungen ist, Quantenphysik und Gravitation zu vereinen, wird das letzte Wort zur Interpretation gesprochen werden.

Nachdem dies klargestellt ist, nenne ich Ihnen die beiden Aufgaben, die aus meiner Sicht in Angriff genommen werden sollten. Die erste besteht in dem Versuch, *die Verschränkung über die Ununterscheidbarkeit zu stellen*. Wie Sie bemerkt haben, halte ich die Verschränkung für den wahren Kern der Quantenmechanik: Gäbe es keine Verschränkungen, sondern nur Einteilchen-Interferenzen, dann würde ich ohne zu zögern die Theorie der Führungswelle akzeptieren als (im Hinblick auf die beteiligten Konzepte) sicherlich ökonomischsten Ansatz – sie kommt mit der klassischen Physik aus. Anders formuliert: Ich weiß, dass ein Photon ein Quantenobjekt ist, weil ich weiß, dass zwei Photonen verschränkt sein können.[88] In diesem Buch musste ich den üblichen Weg von einem zu zwei Teilchen gehen, weil der andere, bei der Verschränkung beginnende Weg noch nicht existiert.

Die zweite Aufgabe ist, *den Unterschied zwischen Bohrs und Everetts Sicht* experimentell fassbar zu machen: Gibt es eine definierte Grenze (den sogenannten *Heisenberg'schen Schnitt*) zwischen klassischer und Quantenwelt – oder nicht? Aus Kapitel 3 wissen wir, dass die Grenze für große Moleküle noch nicht erreicht ist. Falls sie wirklich existiert, hat sie sicher nicht nur mit der „Größe" zu tun; während Cluster aus nur wenigen Metallatomen bald klassisches Verhalten zeigen, kann man in kalten verdünnten Gasen, die zehntausende Atome enthalten, Verschränkung beobachten. Die Suche nach der Grenze rührt an die Grundfesten der Physik und ist letztlich verknüpft mit dem Zustand der Irreversibilität.[89] Was werden wir finden? Ich neige mehr zu Bohrs Ansatz[90] und hoffe deswegen, dass die Grenze eines Tages entdeckt werden wird. Ihre ausführliche Untersuchung wird die Physiker dann viele Jahre lang beschäftigen.

· 10 ·

In my End is my Beginning

10.1 Variationen

Die Natur hat das Thema „Ununterscheidbarkeit" unzählige Male variiert. In manchen Variationen hört man das Grundthema sofort, anderswo ist es versteckter, wie wir es aus der Musik kennen. Ich habe Ihnen die Phänomene vorgestellt, die das Spezifische der Quantenphysik besonders eingängig zeigen; natürlich kann ich aber nicht behaupten, hier die Quantenphysik insgesamt abgehandelt zu haben – stellen Sie sich vor, Schuberts *Forelle* würde schon nach den ersten Takten aus dem Wasser gezogen!

Denken Sie an die historischen Erfolge der Quantenphysik – das Verständnis der Chemie, die Entdeckung erst des Atoms und später der Elementarteilchen. Denken Sie an Forschungsgebiete, die uns nicht nur in der Naturerkenntnis allgemein voranbringen, sondern auch durchaus bodenständige Anwendungen finden: die Quantenoptik mit dem Laser, die Festkörperphysik mit Halbleitern und Supraleitern, die Atomphysik mit hochgenau synchronisierbaren Atomuhren etwa für GPS-Systeme. Denken Sie an moderne, faszinierende Themen wie die mesoskopische Physik oder die Physik der 1995 erstmals dargestellten Bose-Einstein-Kondensate.[91] Denken Sie an die vorderste Front der Kosmologie, zum Beispiel die sogenannte Inflation, die als Modell für die allerersten Momente der Existenz unseres Universums erforscht wird. Denken Sie an die Impulse, die die Physik manchen Zweigen der Mathematik verliehen hat. Wenn Sie all das betrachten, haben Sie ein viel besseres Bild davon, was Quantenphysik ist. Jedem einzelnen der genannten Punkte ist nur in einem vielbändigen Werk gerecht zu werden.

Unsere Reise aber endet hier ... fast. Eines der reizvollsten Quantenphänomene überhaupt ist die sogenannte *Teleportation*, die in jüngster Zeit viel diskutiert wurde. An der Teleportation sind *drei* Teilchen beteiligt. Man kann sie deshalb als natürliche Fortsetzung der Ein- und Zweiteilcheneffekte betrachten, die diesem Buch zugrunde liegen. Wollte ich die Teleportation umfassend erklären, müsste ich noch ein konzeptuelles Hilfsmittel einführen. Ich will darauf verzichten und mich stattdessen mit einer reinen Beschreibung zufrieden geben. Schauen wir also ein letztes Mal durch ein Fenster in die Quantenwelt.

10.2 Quanten-Teleportation

Seien Sie zunächst versichert (oder enttäuscht): Die Quantenphysik lässt nicht die Teleportation von *Materie* zu.[92] Teleportiert werden soll hier nur Information, insbesondere die *Eigenschaften* (der Zustand) eines Quantenteilchens. Genauer gesagt: Bestimmte Eigenschaften, die Teilchen A besitzt, „verschwinden" und tauchen bei Teilchen C wieder auf, wobei der Abstand zwischen A und C keine Rolle spielt. Damit haben wir schon zwei Teilchen; das dritte, das eine Schlüsselrolle spielt, wird gleich erklärt. Bevor wir uns aber den Ablauf einer Teleportation Schritt für Schritt ansehen, müssen wir den Unterschied zwischen gewöhnlichem Transport und Teleportation herausfinden. In beiden Fällen wird eine Information von einem Ort zu einem (weit entfernten) anderen Ort übertragen. Während des Transports kann man die Information überall auf der Strecke zwischen Ausgangs- und Endpunkt abgreifen. Bei einer Teleportation ist das nicht möglich, weil die Information am Ausgangspunkt verschwindet und am Endpunkt wieder auftaucht, ohne die Strecke dazwischen wirklich „zurückzulegen".

Abbildung 10.1 zeigt den Verlauf einer Teleportation am Beispiel von Spins. Im ersten Schritt wird Teilchen A präpariert, dessen Spin in eine gegebene Richtung zeigt, sowie die Teilchen B und C, die sich in einem verschränkten Zustand befinden. Wie

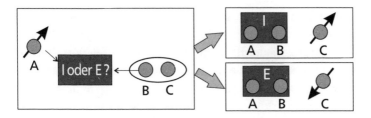

Abb. 10.1: Schema des Protokolls der Teleportation, das im Text ausführlich erklärt wird. I und E stehen für identisch bzw. entgegengesetzt.

Sie sich erinnern, ist bei einer Verschränkung nicht die Richtung der einzelnen Spins, aber das Verhältnis zwischen beiden definiert. Nehmen wir an, beide zeigen in dieselbe Richtung.[93] Nun werden die Teilchen A und B zusammengeführt, Teilchen C bleibt für sich. Jetzt kommt der Quantentrick: An A und B wird eine raffinierte Messung vorgenommen, eine *Bell'sche Messung.* Einfach ausgedrückt stellt man die Frage: „Sind eure Spins identisch oder entgegengesetzt?" Die Frage muss so gestellt werden, dass die Teilchen sie direkt beantworten können, ohne sich zuvor auf einen spezifischen Wert für ihren jeweiligen Spin festlegen zu müssen. Gesetzt den Fall, die Antwort lautet „identisch" – der Spin von A zeigt in dieselbe Richtung wie der Spin von B –, dann sind aufgrund der Verschränkung aber auch die Spins von B und C identisch. Also erhält C nach der Messung von A und B genau den Spin, den A zuvor hatte. Die Teleportation ist gelungen. Wenn die Antwort „entgegengesetzt" lautet, dann kann man mit einer analogen Argumentation zeigen, dass der Spin von C nach der Messung entgegengesetzt dem Spin von A vor der Messung ist. Ist die Teleportation dann misslungen? Nicht ganz; man muss nur den Physiker, der sich am Ort von Teilchen C aufhält, auffordern, den Spin umzukehren. Teleportation ist also in beiden Fällen möglich.

Rollen wir diesen Vorgang noch einmal vom Ende her auf. Erstens: Der Physiker, der sich am Ort von C befindet, muss vom Ergebnis der Messung an A und B in Kenntnis gesetzt werden.

Das Resultat ist zufällig; ohne es zu kennen, kann man nicht entscheiden, ob der Spin von Teilchen C noch umgekehrt werden muss. Daraus wiederum folgt, dass man die Teleportation (wie auch die Verschränkung) nicht benutzen kann, um Signale mit Überlichtgeschwindigkeit zu übermitteln, denn der letzte Schritt des Protokolls erfordert eine klassische Kommunikation (Internet, Telefon usw.). Zweitens: Oben haben wir behauptet, dass es keine Möglichkeit gibt, die Information über den Spin auf dem Weg zwischen A und C abzufangen. Tatsächlich führt einerseits Teilchen B zu keinem Zeitpunkt eine Angabe zum Spin von A mit und die Messung von A und B modifiziert den Spin von C über die Entfernung hinweg, ohne dass ein Signal übermittelt wird. Andererseits umfasst die Kommunikation über das Messergebnis nur ein Bit („identisch" oder „entgegengesetzt", „ja" oder „nein"), während der Spin von A in jede mögliche Richtung gezeigt haben kann (das sind unendlich viele Möglichkeiten). Lassen Sie mich abschließend anmerken, dass die Dinge doch ein wenig komplizierter sind; insbesondere kann die Messung von A und B in Wirklichkeit nicht nur zwei, sondern vier Ergebnisse haben. Der Grundgedanke aber bleibt derselbe – in allen vier Fällen gelingt die Teleportation durch Übermittlung der entsprechenden Information.

Bislang ist die Teleportation im Experiment mehrmals (in verschiedenen Konfigurationen) geglückt, meist mit Photonen[94], aber auch mit massiven Teilchen[95] (im letzteren Fall war die Entfernung zwischen den Teilchen nicht besonders groß, aber der Effekt ist trotzdem bemerkenswert).

10.3 Epilog

Wir haben uns einen sehr konkreten Weg durch das Dickicht der Quantenphänomene gebahnt – den Weg der Überraschung und des Staunens. Aristoteles empfahl, sich der Natur auf diesem Weg zu nähern. Vieles, was Aristoteles noch überrascht haben mag, wundert uns längst nicht mehr. Verblüfft uns die Quantenphysik nur, weil sie „neu" ist? Wird sich die Menschheit mit der Zeit an Quanteneffekte gewöhnen, sobald sie besser erforscht sind, wie wir uns auch an das heliozentrische Weltbild gewöhnt haben, obwohl unsere Sinne etwas anderes nahelegen? Ich glaube eher, dass uns noch viele Überraschungen bevorstehen. Deshalb möchte ich mein Buch mit einem Gruß[96] schließen, der Schönheit und Gefahren des Weges der Erkenntnis gleichermaßen vermittelt:

Not farewell,
but fare forward, voyagers!

Anmerkungen

1. R. Feynman, R. Leighton, M. Sands, *Feynman Vorlesungen über Physik*, Band 3: *Quantenmechanik* (Oldenbourg Verlag, München 1999).

2. R. Feynman, *QED: Die seltsame Theorie des Lichts und der Materie*. 11. Auflage, Piper 2005.

3. Das Tatsachengerüst dieser Anekdote stammt von Alain Aspect; ausschmückende wörtliche Reden und Gedanken der Beteiligten musste ich (über 20 Jahre nach dem Ereignis) aus stilistischen Erwägungen dazuerfinden.

4. Den Ausdruck habe ich aus einem Text von Alain Aspect abgeschrieben: „John Bell and the second revolution", Einführung zu J. S. Bell, *Speakable and Unspeakable in Quantum Mechanics*, 2. Auflage (Cambridge University Press, 2004).

5. 1986 wird das Experiment veröffentlicht: P. Grangier, G. Roger, A. Aspect, *Europhys. Lett.* **1**, 173 (1986).

6. Für den erfahrenen Leser: Ich möchte betonen, dass zwischen der „ersten" und der „zweiten" Quantenrevolution ein wichtiger Unterschied besteht. Die erste Revolution, die zu Beginn des zwanzigsten Jahrhunderts stattfand, bildete einen scharfen Einschnitt in der Physik – die klassische Physik steht vollkommen im Widerspruch zu beobachteten Phänomenen und muss deshalb durch etwas Neues ersetzt werden. Die zweite Revolution hingegen sagt sich von den Ergebnissen der ersten in keiner Weise los, die Vorhersagen sind dieselben und abweichende Phänomene wurden nicht beobachtet. Gegenstand dieser Revolution ist eher, aus welchem Blickwinkel wir die Quantenphysik betrachten. Ihre Kernpunkte sind, dass (1) Quantenphysik nicht nur auf Ensembles, sondern auch auf *einzelne* Systeme angewendet werden kann, obwohl sich die Aussagen nur für Ensembles überprüfen lassen, und (2) die *Verschränkung* verschiedener Subsysteme eine zentrale Rolle spielt. Die Quantenphysik, von der ich spreche, hat sich seit 1926 alles in allem nicht verändert; einige Elemente aber, die früher als grund-

legend betrachtet wurden (die Heisenberg'schen Unbestimmtheitsrelationen, die Wellenmechanik, die Schrödingergleichung), begreift man heute als abgeleitete Konzepte. Deshalb spielen sie in diesem Buch auch so gut wie keine Rolle. Natürlich behauptet niemand, dass mit dieser zweiten Revolution das letzte Wort der Quantenphysik gesprochen ist.

7. „Denn *Staunen* veranlasste zuerst wie noch heute die Menschen zum Philosophieren." Aristoteles, *Metaphysik*, Buch 1, Teil 2.

8. Leser, die das Vorwort ausgelassen haben (wie ich es selbst oft halte), sollten es jetzt noch lesen, weil ich mich hier und an einigen späteren Stellen explizit darauf beziehe.

9. In diesem Buch verstehe ich unter einem „Teilchen" allgemein ein Quantenobjekt (von den sogenannten Elementarteilchen bis zu Atomen und Molekülen). Dies ist allgemein üblich, trotzdem aber zweideutig und irreführend – wie wir bald erfahren werden, benehmen sich diese Teilchen wenig „teilchenmäßig". Deshalb haben manche Autoren versucht, alternative Namen zu prägen, zum Beispiel „Quantonen" in J. M. Levy-Leibold, F. Balibar, *Quantics: Rudiments of Quantum Physics* (Elsevier, Amsterdam 1990).

10. Tatsächlich kann dieser Zyklus viele Male ablaufen, aber nicht unendlich oft. Wird der Weglängenunterschied größer als die *Kohärenzlänge* (eine Teilcheneigenschaft), dann verschwindet die Interferenz.

Für die Fachleute unter Ihnen: Ein quantitatives Verständnis der Interferometrie gelingt nur, wenn man das Teilchen als Wellenpaket beschreibt. Dabei ist die im Text genannte Länge $2L$ gleich der Wellenlänge und die Kohärenzlänge gleich der Ausdehnung des Pakets.

An dieser Stelle mögen sich bei manchem Leser Bedenken wegen des in diesem Buch verfolgten didaktischen Ansatzes regen. Erstens: Hätte ich den Welle-Teilchen-Dualismus nicht von Anfang an einführen sollen? Die Antwort ist ein entschiedenes Nein: Wellen werden wir zwar in Kapitel 2 diskutieren, aber von Kapitel 6 an wird klar werden, dass der Welle-Teilchen-Dualismus nicht die gesamte Quantenphysik beschreibt (er versagt im Fall der Verschränkung). Zweitens: Hätte ich nicht andere Eigenschaften als Weglängen zur Erklärung der Interferenzeffekte wählen sollen? Ich weiß es nicht so genau: Einerseits sind die Weglängen, denke ich, für eine erste Darstellung sehr anschaulich; andererseits greife ich, sobald die Diskussion tiefer geht, in der Regel auf die Polarisation zurück. Dafür muss man jedoch zuerst erklären, was Polarisation ist, während ein „Weg" jedermann aus der Erfahrung klar ist. Wenn Sie eine sehr gute Darstellung der Quantenmechanik anhand der Polarisation suchen, empfehle ich G. C. Ghirardi, *Sneaking a Look at God's Cards* (Princeton University Press, Princeton 2003).

11. Die Synthese ist ein für die Naturwissenschaften absolut notwendiger Schritt, wie beispielsweise Kant erkannte, der es zu seinen wichtigsten Anliegen zählte, die Gültigkeit der synthetischen Beweisführung nachzuweisen – was ihm meiner Ansicht nach nicht gelang, aber das ist hier nebensächlich.

12. Leider ist der Begriff „ununterscheidbar" in der Quantenphysik mehrfach besetzt! Eine Bedeutung ist die in diesem Buch (ausschließlich) verwendete: ein Kriterium für die Beobachtung von Interferenz. Die andere, traditionellere, bezieht sich darauf, dass zwei Teilchen (etwa Elektronen) identisch sind – es gibt keine Möglichkeit, sie nach einer Wechselwirkung auseinander zu halten, weshalb man von ununterscheidbaren Teilchen spricht. Beide Bedeutungen sind verbreitet im Gebrauch; ich hielt es deshalb für besser, nicht noch einen neuen Begriff zu prägen.

13. „Human kind cannot bear very much reality." T. S. Eliot, *Four Quartets* (Faber and Faber, London 1959): Burnt Norton, Vers 42–43.

14. Falls Sie noch ein bisschen Energie aufbringen können, erkläre ich Ihnen eine faszinierende Konsequenz der Quanteninterferenz: die *wechselwirkungsfreie Messung*, die Möglichkeit, ein Teilchen nachzuweisen, ohne dass es von einem anderen Teilchen berührt werden muss. Die Idee ist ganz einfach. Wir betrachten das symmetrische Mach-Zehnder-Interferometer in Abbildung 1.3; alle Teilchen sollen den Ausgang *RD oder DR* nehmen. Nun fügen wir in Gedanken ein Hindernis ein, das einen der Wege blockiert. Es gibt dann nicht mehr zwei ununterscheidbare Wege, die Interferenz verschwindet und die Hälfte der Teilchen ist (in Übereinstimmung mit der Anordnung in Abb. 1.1) am Ausgang *DD oder RR* zu finden. Immer, wenn wir ein Teilchen an diesem Ausgang messen, wissen wir dann,

dass (a) sich ein Hindernis in einem Weg befunden und (b) das Teilchen den anderen Weg genommen haben muss. Das Teilchen informiert uns also über das Vorhandensein eines Hindernisses, das es nie „gesehen" oder berührt hat! Eine technisch ausgefeiltere Version dieser Idee auf der Grundlage des sogenannten Quanten-Zeno-Effekts finden Sie in P. Kwiat, H. Weinfurter, A. Zeilinger, *Scientific American*, November 1996, S. 52.

15. Für die Fachleute unter Ihnen: Die „Menge" ist nichts anderes als der Phasenraum oder Konfigurationsraum, der Zustandsraum der klassischen Physik. Ein Punkt der Menge ist ein reiner (maximal bestimmter) Zustand, dessen Eigenschaften sämtlich exakt bekannt sind; eine Teilmenge ist ein gemischter Zustand, der ein statistisches Ensemble darstellt. Beachten Sie insbesondere, dass der Phasenraum die Struktur einer Menge hat, aber nicht die eines Vektorraums: Durch „Addition" zweier Punkte dieses Raums kommt man zu einem neuen Zustand, der aber in keinerlei Zusammenhang mit dem ursprünglichen Zustand steht (in der klassischen Physik sind alle reinen Zustände orthogonal). Mathematisch gesehen ist dies der entscheidende Unterschied zwischen der klassischen Beschreibung und der Quantenbeschreibung physikalischer Systeme. Das leuchtet sofort ein … sobald es jemand erklärt hat! Mir hat es François Reuse begreiflich gemacht, der mich auch in die Grundgedanken der Genfer Schule einführte. Wenn Sie eine formale Beschreibung suchen: C. Piron, *Foundations of Quantum Physics* (W. A. Benjamin, Reading, 1976).

16. Diese Aussage ist präzise; darum soll ihr Ursprung erläutert werden. Es geht um Folgendes: Man kann entweder nach dem „Wesen" eines Systems fragen oder nach „Freiheitsgraden". Ein Elektron zum Beispiel ist ein Teilchen mit gegebenen Werten von Ladung, Masse, Spin. Diese Werte machen das „Wesen" des Elektrons aus, ein Teilchen mit davon abweichenden Werten ist eben kein Elektron. Dann kommen die Freiheitsgrade: Das Elektron kann hier sein oder dort oder sogar delokalisiert; sein Spin kann in eine Richtung zeigen oder in eine andere und so fort. Den *Zustand des Systems* legen wir anhand dieser Freiheitsgrade fest. Offensichtlich bleibt ein Elektron ein Elektron, gleichgültig, ob es sich hier befindet oder dort. In der Quantenmechanik lassen sich die Fragen

nach dem *Zustand* (also nach den Werten, die jeder Freiheitsgrad annimmt) nicht entsprechend den Regeln der Mengenlehre kombinieren, die Fragen nach dem Wesen aber schon. Technisch ausgedrückt: Man kann keine Superposition (Überlagerung) von „ist ein Elektron" und „ist ein Proton" bilden.

17. So viele Bücher beschreiben die Geburt der Quantenphysik aus der klassischen Physik, dass ich nicht wage, eines von ihnen als das beste hervorzuheben!

18. Eine vollständige Geschichte des Atomismus finden Sie in B. Pullmann, *The Atom in the History of Human Thought* (Oxford University Press, Oxford 1998).

19. Man erkennt schnell, dass es unendlich viele nach dem gleichen Muster aufgebaute Interferometer gibt: Immer, wenn es uns gelingt, mithilfe von Spiegeln, Spalten und Linsen zwei ununterscheidbare Wege aufzubauen, haben wir ein Interferometer. In diesem Buch verwenden wir lediglich die Anordnungen von Mach-Zehnder und von Young, um Experimente mit einzelnen Teilchen nachzuvollziehen. Zwei andere Geräte, die auch mit klassischem Licht funktionieren, sind das Sagnac-Interferometer und die berühmte Anordnung, mit der Michelson und Morley die Lichtgeschwindigkeit relativ zu einem hypothetischen Äther maßen. Beschreibungen dazu finden Sie in jedem ausführlicheren Optik-Lehrbuch.

20. Einer der Protagonisten hat seine Erinnerungen aufgeschrieben: C. H. Townes, *How the Laser Happened. Adventures of a Scientist* (Oxford University Press, Oxford 1999).

21. Eine populärwissenschaftliche Beschreibung einer experimentellen Anwendung (des ersten Teilchenbeschleunigers) finden Sie in B. Cathart, *The Fly in the Cathedral* (Penguin, London 2005).

22. C. Magrid, *Danube* (Harvill Press, London 1999).

23. Eine der ersten Arbeiten zu diesen Experimenten war H. Rauch, A. Zeilinger, G. Badurek, A. Wilfing. W. Bauspiess, U. Bonse, *Phys. Lett.* **54A**, 425 (1975). Einen breiten Überblick über die Neutroneninterferometrie gibt D. Greenberger, *Rev. Mod. Phys.* **55**, 875 (1983).

24. Liebhaber der Topologie werden bemerkt haben, dass sich der Spin auf einem Möbius'schen Band bewegt (wie die Ameisen auf M. C. Eschers berühmtem Stich).

25. Experten sollten hier keine Irrlehre wittern: Ich bestreite nicht, dass die Quantentheorie lediglich statistische Größen vorhersagt, die nur durch Messung einer großen Zahl identisch präparierter Systeme ermittelt werden können. Das Bemerkenswerte ist aber, dass die Interferenzmuster auch dann entstehen, wenn man ein Teilchen nach dem anderen durch die Anordnung schickt.

26. Experten werden hier sofort an den problematischen Stand der Theorie der Dekohärenz denken. Dekohärenz ist ein wichtiger Effekt – ein physikalisches System ist nie vollkommen isoliert, sondern es steht in irgendeiner Form mit der Umgebung in Wechselwirkung. Diese Wechselwirkung lässt die Anzahl der Freiheitsgrade, die zur Beschreibung der zeitlichen Entwicklung notwendig sind, stark ansteigen. Bildlich gesprochen: Die Information über den Zustand, die anfangs auf das System selbst konzentriert war, „läuft" in die Umgebung „aus" und verdünnt sich dadurch. Mathematisch kann man zeigen, dass dieser Effekt bei großen Objekten sehr schnell eintritt und zur Zerstörung der Interferenzen führt. Allerdings löst dies unser konzeptionelles Problem nicht, das wir nun folgendermaßen neu formulieren können: Sorgt nur die Dekohärenz für den Übergang von der Quantenwelt zur klassischen Welt, oder läuft auf dem gleichen Niveau noch eine andere Physik ab? Einen ausgesprochen anschaulichen Bericht zu den Errungenschaften und Grenzen des Dekohärenzprogramms finden Sie in M. Schlosshauer, *Rev. Mod. Phys.* **76**, 1267 (2004). – Der Begriff der Dekohärenz tritt in Kapitel 9 dieses Buchs, im Zusammenhang mit der Irreversibilität und mit der Diskussion des Unterschieds zwischen Bohrs und Everetts Sicht, noch einmal in Erscheinung.

27. Andere schöne Experimente wurden von Serge Haroches Gruppe in Paris ausgeführt. Um sie zu verstehen, sind ziemlich detaillierte physikalische Vorkenntnisse notwendig. Zwei Arbeiten dazu sind: M. Brune, E. Hagles, J. Dreyer, X. Maître, A. Maali, C. Wunderlich, J. M. Raimond und S. Haroche, *Phys. Rev. Lett.* **77**, 4887 (1996) und P. Bertet, S. Osnaghi, A. Rauschenbeutel, G. Nogues, A. Auffeves, M. Brune, J. M. Raimond, S. Haroche, *Nature* **411**, 166 (2001).

28. Buckminster Fuller war, so die Überlieferung, ein etwas extravaganter Mensch. Seine Dome sah er nicht nur als Mittel zur Überdachung großer Flächen mit relativ leichtgewichtigen Konstrukti-

onen an, sondern auch als ästhetische Formen, inspiriert von der Natur und der modernen Sichtweise einer in sich geschlossenen Welt. Zwei Jahre vor der Entdeckung des C_{60}-Moleküls starb er.

29. Das erste Experiment der Zeilinger-Gruppe zur Interferenz von C_{60}-Molekülen ist beschrieben in M. Arndt, O. Nairz, J. Vos-Andrae, C. Keller, G. van der Zouw, A. Zeilinger, *Nature* **401**, 680 (1999). Mittlerweile führte die Gruppe mehrere ähnliche Experimente aus, teilweise mit anderen Versuchsanordnungen, teilweise mit anderen Molekülen (C_{70}, dessen Form an einen Rugbyball erinnert, und noch größeren Spezies).

30. Für diese Anmerkung danke ich Marek Zukowski, einem Theoretiker aus Gdansk, der mit Zeilingers Gruppe zusammenarbeitet.

31. Andere große (tatsächlich viel größere) Systeme, an denen man kollektives Quantenverhalten beobachtet, sind kalte atomare Gase, beschrieben zum Beispiel in B. Julsgaard, A. Kozhekin, E. S. Polzik, *Nature* **413**, 400 (2001). In diesem Experiment wurde sogar eine *Verschränkung* zweier solcher Systeme nachgewiesen.

32. Im Gegensatz zur in der Fachwelt weit verbreiteten Meinung ist der Heisenberg-Mechanismus *nicht* der Weg, auf dem Heisenberg seine berühmten „Unsicherheitsrelationen" (1925) herleitete. Auf den Mechanismus kam Heisenberg einige Jahre später bei dem Versuch, seine Entdeckung anschaulicher darzustellen. Er publizierte ihn zuerst in W. Heisenberg, *Physical Principles of the Quantum Theory* (Dover Publication, New York, 1930).

33. Siehe zum Beispiel Abschnitt 1.8 in „Feynman Vorlesungen" oder *Complement D_I* in C. Cohen-Tannoudji, B. Diu und F. Laloë, *Quantum Mechanics* (Longman Scientific & Technical, Essex 1977). Noch ein Detail für die Fachleute unter den Lesern: Wie im Text festgestellt, existiert der Heisenberg-Mechanismus; er ist eine effektive Ursache für Dekohärenz. Insbesondere ist für eine Ortsmessung mithilfe eines Photons der Rechenweg korrekt, der zum Ergebnis $\delta x \, \delta p \sim \hbar$ führt. Auf zwei Punkte will ich jedoch ausdrücklich hinweisen. Erstens: Der Mechanismus führt nicht immer zur Dekohärenz. Beim Experiment von Konstanz beispielsweise gilt für das Elektron etwas Ähnliches wie $\delta x \, \delta p_e \sim \hbar$, für das Atom hingegen ist $\delta x \, \delta p \sim 0$, aber die Interferenz verschwindet nach wie vor. Zweitens: Es ist *falsch*, die Beziehung $\delta x \, \delta p \sim \hbar$ mit der

„Unbestimmtheitsrelation" $\Delta x \, \Delta p \geq \hbar/2$ gleichzusetzen. Die erste Beziehung sagt aus, dass eine Ortsmessung mit der Genauigkeit δx eine Modifikation des gemessenen Zustands nach sich zieht, die sich durch eine Störung des Impulses δp äußert. Vom physikalischen Aufbau her handelt es sich um eine Zwischenmessung (hier des Ortes), die den Zustand beeinflusst. Solche Situationen haben wir in Kapitel 1 und dann (im Zusammenhang mit der Quantenkryptographie) in Kapitel 5 erlebt. Der zweite Ausdruck hingegen bezieht sich auf intrinsische Varianzen: Präpariert man einen exakt ortsbestimmten Zustand, dann ist dessen Impuls delokalisiert und umgekehrt. Um die Unbestimmtheitsrelation nachzuprüfen, muss man sehr viele Teilchen im gleichen Zustand präparieren; für jeweils die Hälfte von ihnen bestimmt man x bzw. p, dann vergleicht man die Streuung. Ganz sicher misst man in diesem Fall nicht an jedem einzelnen Teilchen erst x und dann p!

34. Wie Sie sicher vermuten, wurde die Arbeit veröffentlicht: S. Dürr, T. Nonn, G. Rempe, *Nature* **395**, 33 (1998).

35. Die Experten unter den Lesern werden vermutlich bemerkt haben, dass dieses Schema an sich nicht besonders praktisch ist. Die Weglängen müssen bis auf Bruchteile einer Wellenlänge übereinstimmen! Wenn man mit Licht in Glasfaserkabeln arbeitet, liegen die Wellenlängen in der Größenordnung einzelner Mikrometer; der Abstand zwischen Alice und Bob kann sich im zweistelligen Kilometerbereich bewegen. Für dieses Problem lassen sich jedoch einfache Lösungen finden: Die beiden Kanäle können zwei Moden ein und derselben optischen Faser sein, beispielsweise zwei Moden mit orthogonaler Polarisation.

36. In einem Übersichtsartikel können Sie alle Ergebnisse nachlesen, die ich in diesem Kapitel besprochen habe: N. Gisin, G. Ribordy, W. Tittel, H. Zbinden, *Rev. Mod. Phys.* **74**, 145 (2002). Allerdings entwickelt sich dieses Gebiet unvermindert stürmisch weiter. Inzwischen, weniger als drei Jahre nach seinem Erscheinen, ist der Aufsatz zur Erklärung der Grundlagen noch gut zu gebrauchen, Spezialisten dagegen erscheint er schon veraltet.

37. An dieser Stelle ist ein Vergleich der Quantenkryptographie mit anderen Anwendungen der Quantenphysik sinnvoll. Der Laser beispielsweise ist zweifellos eine Anwendung der Quantenphysik,

aber man muss, um einen Laser zu bauen, nicht die Kohärenz einzelner Quantensysteme steuern können. Die induzierte und die spontane Emission lassen sich aus der Atomhypothese und rein thermodynamischen Erwägungen herleiten, wie es auch Einstein 1917 getan hat. Mit anderen Worten: Der Laser beruht in dem Sinn auf der Quantenphysik, wie etwa die Erklärung der elektrischen Leitfähigkeit von Materialien auf der Quantenphysik beruht. Die Quanteninformationsverarbeitung umfasst im Gegensatz dazu erstmals *Anwendungen, für die die Kohärenz individueller Systeme zwingend erforderlich ist.* Quantenkryptographie funktioniert, wenn man ein Photon nach dem anderen sendet, nicht hingegen, wenn man stattdessen klassische Lichtpulse verwendet – auch nicht angesichts dessen, dass Licht ja letztlich aus Photonen „besteht".

38. J. D. Franson, *Phys. Rev. Lett.* **62**, 2205 (1989).

39. Den Fachleuten unter Ihnen kann ich noch etwas mehr erzählen. Die Quelle ist ein spezieller Kristall, in dem die sogenannte parametrische Fluoreszenz stattfinden kann: Für Licht einer geeigneten Frequenz, das mit einem „Pump"-Laser eingestrahlt wird, ist der Kristall im Prinzip durchlässig; nur gelegentlich absorbiert er ein Photon und sendet dafür zwei andere Photonen aus. Bei diesem Vorgang sind Energie und Impuls erhalten – das bedeutet, der Kristall enthält danach keinerlei Information darüber, dass die Fluoreszenz stattgefunden hat. Die beiden neuen Photonen werden zwar „gleichzeitig" emittiert, der Zeitpunkt kann aber ein beliebiger innerhalb der Kohärenzzeit des Pumplasers sein (das ist die „Größe" jedes einzelnen Photons in der Pumpe).

40. Dies scheint im Widerspruch zu Kapitel 1 zu stehen: Stimmt es nicht, dass jedes Teilchen zwei ununterscheidbare Wege vorfindet, weil der Zeitpunkt der Emission intrinsisch unbekannt ist? Die Antwort lautet nein; die Wege der Teilchen sind prinzipiell ununterscheidbar. Hier ist der Beweis: Wir betrachten ein nach links ausgesendetes Teilchen. In dem Moment, in dem es die Quelle verlässt, führt es keinerlei Information darüber mit, was ihm auf dem Weg begegnen wird, weil der Physiker die Anordnung nach diesem Zeitpunkt noch frei modifizieren kann; erst recht führt es dann keine Informationen darüber mit, was dem *anderen*, nach

rechts ausgesendeten Teilchen widerfahren wird. Vielleicht hat
der Physiker rechts das Interferometer entfernt und durch einen
normalen Detektor ersetzt. Weil die Teilchen gleichzeitig emittiert
wurden, verrät die Ankunftszeit des Teilchens rechts automatisch
den Emissionszeitpunkt der Paares. Die scheinbare Ununterscheidbarkeit der Wege aus der Sicht des Teilchens links kann demnach
durch eine Kommunikation mit dem Physiker rechts aufgehoben
werden. Schlussfolgerung: Die beiden Wege (der kurze und der
lange) auf einer Seite der Anordnung könnten *unterscheidbar sein*,
wenn der Physiker auf der anderen Seite in geeigneter Weise vorgeht. Wie wir sehen, ändert sich die Analyse der Unterscheidbarkeit
für ein Teilchen beträchtlich, wenn es sich um einen Partner aus
einem Teilchenpaar handelt. Für Experten: Wenn man im Franson-
Interferometer Zweiteilchen-Interferenz beobachten will, muss die
Differenz zwischen L und K größer sein als die Kohärenzlänge jedes
einzelnen Photons, aber kleiner als die Kohärenzlänge des Paars
(also des Pumplasers).

41. Den ersten populärwissenschaftlichen Artikel, den ich jemals zum
    Thema der Vielteilchen-Korrelationen gelesen habe, halte ich noch
    immer für einen der besten: D. Greenberger, M. Horne, A. Zei-
    linger, *Physics Today* **46**, August 1993. Für einen umfassenden
    Überblick über das Thema empfehle ich die Lektüre von A. Pe-
    res, *Quantum Theory: Concepts and Methods* (Kluwer, Dordrecht
    1998), Teil II.

42. Die Hypothese der unbeobachtbaren Kommunikation mit Über-
    lichtgeschwindigkeit war Gegenstand einiger Untersuchungen, aus
    denen die Quantenphysik gestärkt hervorging. Sinnvolle Beiträge
    sind: V. Scarani, W. Tittel, H. Zbinden, N. Gisin, *Phys. Lett. A* **276**,
    1 (2000); A. Stefanov, H. Zbinden, N. Gisin, A. Suarez, *Phys. Rev.
    Lett.* **88**, 120404 (2002); V. Scarani, N. Gisin, Vorabdruck quant-
    ph/0410025 auf dem Server xxx.lanl.gov.

43. Ob Sie es glauben oder nicht – es gibt ein paar patentierte Metho-
    den zur angeblich durch Quantenkorrelationen bewerkstelligten
    Signalübertragung mit Überlichtgeschwindigkeit. Manche geben
    sogar die exakte Geschwindigkeit an! Die Patentbehörden weisen
    Vorschläge neuer *perpetua mobilia*, die den ersten oder zweiten
    Hauptsatz der Thermodynamik verletzen würden, systematisch

ab, eine Verletzung der speziellen Relativitätstheorie scheint sie weniger zu stören.

44. Zumindest kein gewöhnliches Signal; denken Sie an die Diskussion über die hypothetische verborgene Kommunikation. Der Einfachheit halber werden wir diese abwegige Hypothese von jetzt an nicht mehr erwähnen.

45. Historisch wurden diese hypothetischen Parameter als *(lokale) verborgene Variable* bezeichnet, weil die Quantentheorie sie nicht explizit benutzt. Ob sie aber nun „verborgen" sind oder nicht, stellt sich als irrelevant heraus: Das Bell'sche Theorem stützt sich nur auf den Fakt, dass diese Variablen „lokal" sind (an der Quelle festgelegt und unabhängig von späteren Ereignissen).

46. Tatsächlich: Einerseits sollen Alice und Bob ihre Messung wählen können; dazu müssen ihnen mindestens zwei Alternativen zur Verfügung stehen. Andererseits wäre eine Messung trivial, die stets das gleiche Ergebnis hat. Deshalb müssen wir für jede Messung mindestens zwei mögliche Resultate zulassen.

47. Das ist keine Einschränkung; lassen Sie mich erklären, warum. Im Geiste von Bells Theorem könnten wir meinen, das Resultat jeder Messung sei bestimmt von (i) den an der Quelle festgelegten Parametern, (ii) der Wahl des Experimentators und (iii) einigen Parametern der Messapparatur, die sich gegebenenfalls unserer Kontrolle entziehen. Im Hinblick auf die Diskussion im Text ist nur Punkt (iii) neu, und ich werde Ihnen zeigen, dass er die Gültigkeit des Bell'schen Theorems nicht in Frage stellen kann.

Wir betrachten das Teilchen, das an Alices Ende ankommt; die Argumentation gilt analog für das Teilchen an Bobs Ende. Unser Teilchen führt die Parameter aus Punkt (i) mit sich, die weder von Alices noch von Bobs Wahl der Messung abhängen, weil diese Wahl geändert werden kann, nachdem das Teilchen die Quelle verlassen hat. Bei der Ankunft in der Messanordnung stellt das Teilchen fest, dass Alice Messung A gewählt hat [Punkt (ii)], und entdeckt neue Parameter [die aus Punkt (iii)], die möglicherweise von A abhängen. Es könnte scheinen, dass sich hier ein Hindernis für den Beweis des Bell'schen Theorems verbirgt; das Resultat a' der Messung A ist nicht definiert – uns fehlen die Parameter aus (iii), die zu A gehören. Trotzdem bleibt das Bell'sche Theorem gültig, und zwar aus folgendem Grund: Es ist nicht wichtig, dass *a* und *a'* tatsächlich bestimmt werden können, weil wir gar nicht erklären wollen, wie das Teilchen, das in Richtung von Alice fliegt, sein Ergebnis „wählt". Wichtig ist lediglich, dass weder Alices Wahl noch die neuen Parameter aus (iii) von der Wahl abhängen, die *Bob* seinerseits trifft! Ist dies der Fall, dann *sind die Korrelationen noch immer ausschließlich von den an der Quelle festgelegten Parametern bestimmt.* Die zusätzlichen Parameter aus Punkt (iii) können höchstens ein zufälliges Element auf Alices und auf Bobs Seite hinzufügen und die Korrelation bestenfalls *vermindern.*

Ich fasse zusammen: Der einzige Weg, das Bell'sche Theorem im klassischen Kontext zu umgehen, besteht in der Annahme, dass das an Alices Ende ankommende Teilchen in irgendeiner Weise über Bobs Wahl informiert ist, dass also ein Signal nahezu instantan übertragen wurde. Die andere bekannte Methode, am Bell'schen Theorem vorbeizukommen, besteht in der Anwendung der Quantentheorie. Wie ich im Text bereits erwähnte, wissen wir noch nicht, ob sich beide Methoden überschneiden – experimentell wurde die Kommunikation mit Überlichtgeschwindigkeit, verborgen in einem speziellen Bezugssystem, jedenfalls noch nicht ausgeschlossen. Im Einklang mit allem bisher Erfahrenen ziehe ich vor, nicht an eine Kommunikation zu glauben; ich meine, Quantenkorrelationen definieren eine Art der Korrelation, die in der klassischen Welt unbekannt ist.

48. Die ursprüngliche Herleitung von John Bell sowie viele andere anregende Texte finden Sie in J. S. Bell, *Speakable and Unspeakable in Quantum Mechanics* (Cambridge University Press, Cambridge, 1987; 2. Aufl. 2004).

49. J. F. Clauser, M. A. Horne, A. Shimony, R. A. Holt, *Phys. Rev. Lett.* **23**, 880 (1969).

50. Mermins Artikel für das allgemein interessierte Publikum sind zu finden in N. D. Mermin, *Boojums All The Way Through* (Cambridge University Press, Cambridge 1990).

51. D. M. Greenberger, M. Horne, A. Zeilinger, in: E. Kafatos (Hrsg.), *Bell's Theorem, Quantum Theory, and Conceptions of the Universe* (Kluwer, Dordrecht, 1989), S. 69; N. D. Mermin, *Am. J. Phys.* **58**, 731 (1990).

52. Der Realismus ist eine philosophische Methode, die davon aus-
geht, dass unsere Sinne von einer außerhalb unserer selbst existie-
renden Welt angesprochen werden und dass wir die Welt (zumindest teilweise) erkennen können. Zu den großen Verfechtern des
Realismus zählen Aristoteles und Thomas von Aquin. In der Geschichte der Philosophie wurden dem Realismus mehrere andere
Methoden gegenübergestellt, etwa der Rationalismus (wir kennen
nur einige, unserem Geist einleuchtende Wahrheiten, wie Descar-
tes' Cogito-Argument, sowie von ihnen abgeleitete Aussagen) und
der Empirizismus (wir kennen nur eine Reihe von Empfindungen,
synthetische Aussagen sind nicht wahr). Der „lokale Realismus"
ist also gerade das Gegenteil des Realismus, weil die Grundzüge
der erstgenannten Position ein durch Experimente erlangtes Wissen über die Natur ablehnen müssen. Richtiger wäre es deshalb,
von „lokalem Surrealismus" zu sprechen, wie ich es einmal von
Hans Briegel gehört habe.

53. Einen ausführlichen Bericht über diese Debatten finden Sie in den
Kapiteln 5 und 6 von M. Jammer, *The Philosophy of Quantum Mechanics* (J. Wiley & Sons, New York, 1974).

54. A. Einstein, B. Podolski, N. Rosen, *Phys. Rev.* **47**, 777 (1935).

55. N. Bohr, *Phys. Rev.* **48**, 696 (1935).

56. E. Schrödinger, *Naturwissenschaften* **23**, 807 (1935).

57. In der klassischen Physik ergibt sich der Zustandsraum eines zusammengesetzten Systems als *kartesisches Produkt* der Zustandsräume seiner Bestandteile. Die Beziehungen zwischen den Eigenschaften folgen, wie es sein sollte, der Mengenlehre. In der Quantenphysik ist der Zustandsraum eines zusammengesetzten Systems
gleich dem *Tensorprodukt* der Zustandsräume seiner Bestandteile,
die selbst Vektorräume sind.

58. Mit seiner „Katze" nahm Schrödinger den Ansatz in der Theorie
der Messung vorweg, den später Everett vertrat. Mehr dazu finden
Sie in Kapitel 9.

59. Diese Geschichte hat mir Shimony bei einem seiner Besuche in
Genf selbst erzählt.

60. Siehe zum Beispiel den Tagungsbericht einer Konferenz, die kürzlich
seinem Andenken zu Ehren stattfand: R. A. Bertlmann, A. Zeilinger
(Hrsg.), *Quantum (Un)speakables* (Springer Verlag, Berlin 2002).

61. A. Aspect, P. Grangier, G. Roger, *Phys. Rev. Lett.* **47**, 460 (1981).

62. Das Franson-Interferometer wurde später (1987) vorgeschlagen. Es misst keine Polarisationsverschränkung, sondern eine *Energie-Zeit-Verschränkung* (die Teilchen entstehen gleichzeitig in einem Prozess, der unter Energieerhaltung abläuft), wie sie in Kapitel 6 beschrieben wird.

63. A. Aspect, J. Dalibard, G. Roger, *Phys. Rev. Lett.* **49**, 1804 (1982).

64. Den Experten unter den Lesern empfehle ich folgenden Übersichtsartikel: W. Tittel, G. Weihs, *Quant. Inf. Comput.* **2**, 3 (2001).

65. G. Weihs, T. Jennewein, C. Simon, H. Weinfurter, A. Zeilinger, *Phys. Rev. Lett.* **81**, 5039 (1998).

66. W. Tittel, J. Brendel, H. Zbinden, N. Gisin, *Phys. Rev. Lett.* **81**, 3563 (1998).

67. Ich war Zeuge der Überraschung Gisins (der von den Postern gar nichts wusste), als ihm ein Kollege zu der Erwähnung gratulierte.

68. In der Fachsprache heißt es: Im ersten, aber nicht im zweiten Beispiel ist die sogenannte *fair sampling assumption* erfüllt.

69. Hier lohnt es sich, Bell selbst zu Wort kommen zu lassen: „Ich kann mir nur schwer vorstellen, dass die Quantenmechanik, die viele praktische Fragen momentan so gut beantwortet, trotzdem versagen sollte, sobald die Zähler effektiver arbeiten." (*speaking...*, Seite 109). Abner Shimony zitiert in einem an mich gerichteten Brief einen ähnlichen Kommentar von Mermin: „Sollte der lokale Realismus gerettet werden durch die Unfähigkeit der Quantenmechanik, das ganze Ensemble der Photonenpaare zu beschreiben außer in einer Weise, dass die tatsächlich nachgewiesenen Paare trotzdem mit den quantentheoretischen Vorhersagen in Einklang stehen, dann ist Gott deutlich weniger raffiniert, aber wesentlich bösartiger, als ich glauben möchte."

70. M. A. Rowe, D. Kielpinski, V. Meyer, C. A. Sackett, W. M. Itano, C. Monroe, D. J. Wineland, *Nature* **409**, 791 (2001).

71. A. Shimony, *Br. J. Philos. Sci.* **35**, 25 (1984), Section 5.

72. Ich gebe Ihnen ein paar Literaturempfehlungen: Ein Standardwerk für Interpretationen, die sich an der historischen Entwicklung der Quantenmechanik orientieren, ist M. Jammer, *The Philosophy of Quantum Mechanics* (J. Wiley & Sons, New York 1974). Jammers Buch wurde natürlich vor Rauchs und Aspects Experimente

– genauer gesagt vor *allen* Experimenten, die ich Ihnen vorgestellt habe – geschrieben. Eine gute Zusammenfassung der noch immer am weitesten verbreiteten Interpretationen der Quantenphysik gibt eine Sammlung von Radiointerviews mit jeweils einem der Hauptverfechter des betreffenden Ansatzes: P. C. W. Davies, J. R. Brown (Hrsg.), *The Ghost in the Atom* (Cambridge University Press, Cambridge, 1986). Einer der jüngsten Beiträge zur Frage der Interpretationen ist J. Baggott, *Beyond Measure* (Oxford University Press, Oxford 2004).

73. Für die Fachleute unter den Lesern: Zugrunde legen muss man die Beschreibung der Quantensysteme mithilfe von Hilberträumen; alles andere folgt im Prinzip daraus – die Wahrscheinlichkeitsregel ist das Theorem von Gleason, die nichtrelativistische Schrödinger-gleichung ergibt sich durch Forderung der Galilei-Invarianz und so weiter. Das Fundament der relativistischen Quantenphysik ist weitaus weniger stabil, obwohl die Übereinstimmung zwischen Vorhersagen und Beobachtungen bemerkenswert ist.

74. Hier liegt vermutlich eine der Stärken Einsteins und ein Grund da-für, dass die Relativitätstheorie ihm zugeschrieben wird und nicht Poincaré. Beide haben die Gleichungen im gleichen Jahr gefunden; während sich aber Poincaré mit der strengen Herleitung zufrieden gab, suchte Einstein nach einer Erklärung, einem Mechanismus. Sein berühmtes Gedankenexperiment mit der Glühbirne, die in ei-nem fahrenden Zug eingeschaltet wird, zeigt, dass die Längenkon-traktion nicht nur vernünftig, sondern geradezu unvermeidlich ist. Mag Einsteins Streben nach einem Mechanismus aber noch so ausgeprägt gewesen sein, an der experimentellen Demonstration der Nichtlokalität wäre es vielleicht gescheitert. Natürlich haben wir nicht die geringste Idee, wie Einstein auf Aspects Experiment reagiert hätte.

75. Nicht alle erfahrbaren Beziehungen sind auch Gegenstand der Physik. Falls es zum Beispiel Gott gibt, dann ist die Beziehung der Welt zu Ihm für die Physik nicht zugänglich, weil wir sie nicht verändern können, um anschließend die Konsequenzen dieser Veränderungen zu beobachten.

76. Diese Sicht nennt man auch *Kopenhagener Deutung* (Bohr arbeite-te dort).

77. Betrachten wir eines der vielen Probleme im Zusammenhang mit dem Kollaps: Stellen Sie sich eine Versuchsanordnung für Zweiteilchenkorrelationen vor und gehen Sie davon aus, dass der Kollaps tatsächlich stattfindet. Wie würde man die Messung beschreiben? Etwa so: Das erste Teilchen, das sein Messgerät erreicht, kollabiert in den einen oder den anderen Detektor und informiert dann das andere Teilchen, das seinerseits in den geeigneten Detektor kollabiert, wenn es ihn erreicht hat. Das funktioniert nur, wenn man die (problematische) verborgene Kommunikation mit Überlichtgeschwindigkeit zulässt – und das ist noch ein weniger wichtiger Punkt verglichen mit folgendem: Ist die (örtliche) Entfernung zwischen zwei Ereignissen so groß, dass die Ereignisse nicht durch ein Lichtsignal miteinander verknüpft werden können, dann ist gemäß der Relativitätstheorie ihre zeitliche Reihenfolge nicht definiert. Kurz gesagt: Man kann dann nicht sagen, welches Teilchen seinen Detektor *zuerst* erreicht hat. Solche Argumente gegen den Kollaps sind überzeugend, aber letztlich nicht beweiskräftig, denn manche Leute, beispielsweise GianCarlo Ghirardi, haben ziemlich clevere Kollapsmodelle formuliert.

78. H. Everett, *Rev. Mod. Phys.* **29**, 454 (1957).

79. Technisch ausgedrückt, beinhaltet der Zustand des Universums jetzt eine Verschränkung des Zustands des Teilchens mit dem Zustand des Detektors, des Experimentators usw.

80. Ich möchte die Aufmerksamkeit der Experten unter Ihnen noch auf Folgendes lenken: Die Idee des „Multiversums" tritt auch im Kontext der Kosmologie in Erscheinung, wenngleich in anderer Rolle. Ist der Urknall nichts weiter als eine Fluktuation eines grundlegenderen Feldes, dann könnten sich „simultan" auch andere Fluktuationen ereignen – das heißt, es gäbe mehrere parallele Universen. Eine einfache, klare Abhandlung dieser Frage finden Sie in M. Rees, *Just Six Numbers* (Basic Books, New York, 2001).

81. Sie lauten: schwache Modularität des Eigenschaftsgitters, Erfüllung des Covering Law.

82. Für alle, die sich mit der Relativitätstheorie auskennen: Wenn man die Theorie der Führungswelle akzeptiert, muss man für Quantenphänomene ein bevorzugtes Bezugssystem (oder eine bevorzugte Aufspaltung der Raumzeit in gleiche Zeitschnitte) zugrunde legen.

Die Führungswellen von De Broglie und Bohm bilden eigentlich eine *Quantenversion des Äthers*, des hypothetischen Trägermediums des Lichts, von Einsteins Relativitätstheorie als überflüssig erachtet. Siehe Kapitel 12 von D. Bohm, B. J. Hiley, *The Undivided Universe* (Routledge, London 1993).

83. Am Ende dieses Abschnitts über unorthodoxe Interpretationen kann ich mir nicht verkneifen, ein völlig aus dem Kontext genommenes Zitat von C. S. Lewis anzuführen (*That Hideous Strength*, Simon and Schuster paperback edn., New York 1996; deutsch erschienen unter dem Titel *Die böse Macht*, Brendow, Juni 2006). Das Zögern von Jane Studdock, ihre Bestimmung anzunehmen, wird dort wie folgt kommentiert: „To avoid entanglement and interferences had long been one of her first principles." Obwohl die Begriffe hier in ihrer Alltagsbedeutung gemeint sind, muss jeder Quantenphysiker über diesen Satz stolpern – er ist eine wundervolle Beschreibung der Ziele unorthodoxer Interpretationen.

84. Wenn Sie sich ein Bild vom momentanen Stand der Interpretationen unter Physikern machen wollen, nützt Ihnen eine Begebenheit aus dem wirklichen Leben vielleicht mehr als alle Traktate. Deshalb möchte ich Ihnen eine Geschichte erzählen: Die Zeitschrift *Physics Today* veröffentlichte in den Ausgaben März und April 1998 einen zweiteiligen Artikel von Sheldon Goldstein unter dem Titel *Quantum theory without observers*. Darin stellte Goldstein Arbeiten zur Interpretation der Bohm'schen Führungswelle vor. Der Text provozierte einen allgemeinen Aufschrei! Im Februarheft 1999 druckte *Physics Today* zahlreiche Zuschriften sehr bekannter Physiker ab, die ihre Ablehnung von Goldsteins Position zum Ausdruck brachten. Im August 1999 öffnete sich das Blatt für Robert Griffiths und Roland Omnès mit ihrer Interpretation „of the coherent histories", die der Lehrmeinung deutlich näher kommt.

85. Diesen Ausdruck habe ich abgeschrieben aus A. Shimony, *Conceptual Foundations of Quantum Mechanics*, in P. Davies (Hrsg.), *The New Physics* (Cambridge University Press, Cambridge, 1989).

86. Hier zu dem Schluss zu kommen, dass beide Formen des Indeterminismus identisch sind, ist eine große Versuchung, der manche Leute erliegen. Insbesondere sind einige der Auffassung, die Natur treffe eine „bewusste" Wahl (oder, anders ausgedrückt, bei jeder

Quantenmessung sei ein intelligentes Wesen am Werk). Andere halten den Quanten-Indeterminismus für das physikalische Substrat der Freiheit des Menschen. Solche Standpunkte kann man weder stützen noch zu Fall bringen. Ihre Konsistenz zu prüfen sei der erkenntnistheoretischen Debatte überlassen.

87. Zu diesem Thema empfehle ich: L. Smolin, *Three Roads to Quantum Gravity* (Basic Books, New York, 2002) und B. Greene, *The Fabric of the Cosmos* (Alfred A. Knopf, New York 2004). Der Leser sei gewarnt – das sind faszinierende, aber weitgehend offene Fragen, und zwar schon als mathematische Theorien und erst recht als Beschreibung der Realität. Ich als Außenstehender habe (nach Diskussionen mit den Spezialisten) den Eindruck, dass die Hoffnung, die regelmäßig nach einem Teilfortschritt wächst, nach ein paar Monaten oder Jahren der genaueren Analyse wieder verflogen ist. Die genannten Bücher bieten Ihnen eine recht ausgewogene Darstellung, wobei die Autoren ganz offensichtlich große Leistungen ausführlicher kommentieren als Misserfolge.

88. Für die Quantenphysiker unter Ihnen habe ich weitere diese Behauptung stützende Argumente in einem Tagungsbericht zusammengestellt, der online verfügbar ist: xxx.lanl.gov/abs/quant-ph/0309113.

89. Die allgemein verbreiteten (sowohl klassischen als auch quantenmechanischen) Sichtweisen stimmen darin überein, dass jeder Prozess im Prinzip umkehrbar ist; *wir* sind nur nicht fähig, diese Umkehrung auszuführen, weil wir die Details des Ablaufs aus den Augen verloren haben. Die Irreversibilität wird demzufolge als praktische Konsequenz unseres begrenzten Wissens und unserer begrenzten Fähigkeit, die Natur zu beherrschen, aufgefasst – nicht als grundsätzliche Seite der Natur. Was zwingend aus dieser Sicht folgt, wenn man sie konsequent auf nahezu alles extrapoliert, können Sie sich selbst überlegen (denken Sie nur an die Umkehrung des Alterns und des Sterbens).

90. Die Bevorzugung von Bohrs gegenüber Everetts Sicht möchte ich begründen. Viele Leute finden Everetts Ansatz einfach „verrückt". Ein differenzierteres Argument greift auf „Ockhams Rasiermesser" zurück [Anm. d. Übers: Sparsamkeitsprinzip in der Wissenschaft – besagt, dass unter mehreren Theorien die einfachste die beste

ist], das Everett und seinen Parallelwelten offenbar entgegensteht. Andere meinen, Everetts Extrapolation sei nicht zulässig. Ich schließe mich im Grundsatz allen drei Argumenten an, wobei ich aber keines von ihnen für schlagend halte. In der Physik ist schon immer Verrücktes passiert, der Schöpfer muss die Welt nicht mit Ockhams Rasiermesser zugeschnitten haben, und die Schlussfolgerung einer unzulässigen Extrapolation kann gleichwohl korrekt sein. Ich biete Ihnen ein in meinen Augen überzeugenderes Argument an (mit dem Sie vielleicht nicht einverstanden sein werden). Beachten Sie zunächst, dass *Everetts Sicht letztendlich deterministisch ist*. Sie ist nicht deterministisch im gewohnten Sinn; in jeder der Welten wirken die Ergebnisse der Messungen objektiv zufällig (also ist die Interpretation orthodox). Everett behauptet aber, dass unsere Welt (so wie jede der Parallelwelten) aus einer zugrunde liegenden Quantenrealität hervorgegangen ist, deren Evolution deterministisch ist. Falls Sie kein Experte sind, sehen Sie das vielleicht nicht ein, aber Sie können mir glauben; Experten *sollten* mir glauben, weil jede unitäre Quantenevolution (ohne Messung à la Bohr) deterministisch ist. Und jetzt kommt der springende Punkt: Wenn ich mich schon zu einer deterministischen Weltsicht bekennen muss, dann ist es einfacher und vernünftiger, den im Text beschriebenen strikt deterministischen Ansatz zu wählen, dem entsprechend alles (einschließlich die Quantenphänomene) durch eine Art „Drehbuch" vorherbestimmt ist. Im Grunde genommen alle philosophischen Konsequenzen (der Mensch ist nur Teil eines Ganzen, persönliche Freiheit ist illusorisch usw.) und definitiv alle physikalischen Vorhersagen sind dann dieselben wie bei Everett.

91. Eine didaktische Diskussion von Bose-Einstein-Kondensaten finden Sie auf dem Webserver „Physics 2000" in Boulder (http://www.colorado.edu/physics/2000/index.pl) unter „The Atomic Lab".

92. In berühmten Science-Fiction-Filmen wird in der Tat *Materie* teleportiert. In „Star Trek" muss dazu nur an einem Ende der Strecke eine Maschine stehen, die zu und von jedem Punkt des Universums teleportieren kann; in „The Fly" braucht man für beide Richtungen eine Maschine. Im letzteren Fall wird die Materie als Signal „verschlüsselt", welches durch ein Kabel übertragen und wieder „entschlüsselt" wird. Weil das Signal alle auf dem Verbindungsweg

liegenden Positionen durchläuft, handelt es sich streng genommen gar nicht um eine Teleportation. Die Diskussion, ob das „Beamen" ähnlich (ohne Kabel) funktioniert, überlasse ich den Star-Trek-Fans.

93. Wer sich in der Quantenphysik auskennt, weiß, dass es keinen Zustand gibt, in dem zwei Spins von 1/2 in allen Richtungen parallel sind, aber einen Zustand, in dem sie in allen Richtungen antiparallel sind („Singulett" genannt). Für unsere Diskussion spielt das aber keine Rolle.

94. Ich schreibe Ihnen einige Meilensteine der Entwicklung auf. Das Protokoll der Teleportation wurde 1993 entdeckt: C. H. Bennett, G. Brassard, C. Crépeau, R. Jozsa, A. Peres, W. K. Wootters, *Phys. Rev. Lett.* **70**, 1895 (1993). Die ersten beiden Experimente wurden simultan in Rom und Innsbruck ausgeführt: D. Boschi, F. Branca, F. De Martini, L. Hardy, S. Popescu, *Phys. Rev. Lett.* **80**, 1121 (1998); D. Bouwmeester, J. W. Pan, M. Eibl, K. Mattle, H. Weinfurter, A. Zeilinger, *Nature* **390**, 575 (1997). Das erste Experiment, bei dem alle vier Ergebnisse der Bell'schen Messung beobachtet wurden, war Y.-H. Kim, S. P. Kulik, Y. Shih, *Phys. Rev. Lett.* **86**, 1370 (2001). Wenn es um Experimente über lange Entfernungen hinweg geht, wissen Sie sicher inzwischen, wo Sie suchen müssen: I. Marcikic, H. de Riedmatten, W. Tittel, H. Zbinden, N. Gisin, *Nature* **421**, 509 (2003). Die Bell-Messung und die Analyse von C wurden in zwei Labors ausgeführt, die etwa 50 Meter voneinander entfernt waren.

95. Den beiden auf dem Gebiet der Ionenfallen führenden Gruppen (Innsbruck und Boulder) glückte dies gleichzeitig, die entsprechenden Arbeiten erschienen im selben Heft der *Nature*: M. Riebe et al., *Nature* **429**, 734 (2004); M. D. Barrett et al., *Nature* **429**, 737 (2004).

96. T. S. Eliot, *Four Quartets* (Faber and Faber, London, 1959): „The Dry Salvages", Schluss von Movement III. – Die Überschrift dieses Kapitels habe ich übrigens auch aus Eliots *Vier Quartetten* abgeschrieben (letzter Vers von „East Coker").

Index

A

Aharonov, Yakir 87
Alice und Bob 52
Anti-Korrelation, perfekte 67
Aristoteles 114
Arndt, Markus 38
Aspect, Alain 91
Aspect-Experiment 94
Atom, Struktur 45
Atominterferometer 45
Atomismus 19
Axiome für Ununterscheidbarkeit 104

B

Bell, John 76, 87, 88
Bell'sches Theorem 76
Bell'sche Messung 113
Bell'sche Ungleichung 80
– und Experiment 91
Bennett, Charles H. 55
Bit 53
Bohm, David 87, 106
Bohr, Niels 48, 85
Bohr-Einstein-Debatte 85, 98
Boltzmann, Ludwig 19
Bragg-Reflexion 31
Brassard, Gilles 51
Brendel, Jürgen 95

C

CHSH-Ansatz 82
Clauser, John 82

D

Detektions-Schlupfloch 92, 96
Detektor für Teilchen 5
de Broglie, Louis 106

E

Einkristall 30
Einstein, Albert 84
Einteilchen-Interferenz 10, 25
Ekert, Artur 59
Elektromagnetismus 20
EPR-Argument 84
EPR-Paradoxon 84
Everett, Hugh 103

F

Fragnière, Jean-Paul 3
Franson-Interferometer 65
– asymmetrisches 67
– symmetrisches 65
Fuchs, Chris 59
Führungswelle 87
Fulleren 38

G

Geheimtext 53
Genfer Experiment 96

GHZ-Ansatz 82
Gisin, Nicolas 59, 95
Grangier, Philippe 92
Greenberger, Daniel 82
Grenze zwischen klassischer
   und Quantenwelt 37

H
Heisenberg, Werner 83
Heisenberg-Mechanismus
   41
– experimentelle Über-
   prüfung 44
– Scheitern 47
Hohlraumstrahlung 25
Holt, Dick 82
Horne, Michael 82

I
Interferenz
– am Doppelspalt 22
– großer Moleküle 36
– klassischer Systeme 26
– und Messungenauigkeit
   44
Interferometer 10
– Franson 65
– von Rauch 35
Interpretationen der Quantenphysik 99
Ionenfalle 97
Irreversibilität 110

J
Jauch, Josef 104
Jennewein, Thomas 94

K
Kollaps 102
Kommunikation zwischen
   Teilchen 70, 93
Komplementarität 48
Korrelation
– an der Quelle erzeugte 76,
   77
– zwischen zwei Teilchen 89
– durch Austausch eines Signals
   76
– perfekte 66

L
Lokalitäts-Schlupfloch 92

M
Mach-Zehnder-Experiment von
   Rauch 30
Mach-Zehnder-Interferometer
– asymmetrisches 10
– symmetrisches 8
– und Quantenkryptographie
   55
Mechanik
– der Fluide 20
– rationale 19
Mengenlehre 15
– und Quantenphysik 18
Mermin, N. David 59

N
Neutroneninterferometer 30
Neutronenquelle 29
Nichtlokalität 83, 84
Nichtseparierbarkeit 85

O

One-Time-Pad 53

P

Paralleluniversen 104
Peres, Asher 59
Photon 25
– einzelnes (Präparation)
   28
Piron, Constantin 104
Planck, Max 24
Podolski, Boris 84
Polarisation 92
Prinzip der Ununterscheid-
   barkeit, *siehe* Ununterscheid-
   barkeit
Public-Key-Protokoll 52

Q

Quantenhypothese 25
Quantenkorrelation
– Experiment 94, 95
– und Kommunikation 72
Quantenkryptographie 54
– Experimente 59
– Perspektive 59
– Prinzip 55
– Protokoll 55
Quantenphysik
– Bohrs Interpretation
   102
– Everetts Interpretation
   103
– Geschichte 18
Quantenschlüssel 55
Quelle eines Teilchenstrahls 5

R

Rauch, Helmut 29
Realismus, lokaler 83
Rempe, Gerhard 41
Roger, Gérard 92
Rosen, Nathan 84

S

Schlupfloch 92
Schrödinger, Erwin 84
Schrödingers Katze 86
Schwarzkörperstrahlung 24
Secret-Key-Protokoll 52
Shimony, Abner 82, 87
Simon, Christoph 94
Spiegel, halbdurchlässiger 4
Spinorsymmetrie 35
Spin eines Neutrons 33
Strahlteiler 4
– Funktionsweise 5
– für Neutronen 30
– hintereinander geschaltete 6

T

Teilchenbegriff 22
Teilmenge 15
Teleportation 112
– Experiment 114
Tittel, Wolfgang 95

U

Überlichtgeschwindigkeit 70
Unbestimmtheit 48
Ununterscheidbarkeit
– Axiome von Piron 104
– Formulierung des Prinzips 11

- in der klassischen Welt 13
- von Wegen 12
- Prinzip (alternative
    Formulierung) 64
- und Größe des Systems 39
- und Heisenberg-
    Mechanismus 44
- und Messungenauigkeit
    49
- und Quantenkrypto-
    graphie 55
- von Atomen 45
Ununterscheidbarkeit, Prinzip
    (klassische Welle) 68

V

Variable, nichtlokale 107
Vernam-Code 53
Verschränkung 86
- und Ununterscheidbarkeit
    109
Viele-Welten-Interpretation
    104
Von-Neumann-Theorem
    81, 88

W

Wahrscheinlichkeit eines Mess-
    ergebnisses 6
Weglängendifferenz 23
- Rauchs Experiment 33
Weihs, Gregor 94
Weinfurter, Harald 94
Welle-Teilchen-Dualismus 24
Wellenbegriff 21
Wellenmechanik 21

Y

Young, Thomas 22
Youngs Interferometer 22
- und Heisenberg-Mechanismus
    42

Z

Zbinden, Hugo 95
Zeilinger, Anton 38, 94
Zufall
- und Interferenz 43
- und Quantenphysik 6, 63
Zweiteilchen-Interferenz 64
- und Ununterscheidbarkeit 68